静下心来，不患得失

苏霏 编著

中国纺织出版社有限公司
国家一级出版社
全国百佳图书出版单位

内 容 提 要

争与不争，舍弃与得到，放下与拥有，进一步与退一步……这是中华文化中哲理深刻的智慧，是辩证看待事物的智慧，与其争不如不争，争不一定能得；与其进不如退，进一步未必会赢，让一步或许才能海阔天空。

本书将“不争”和“让一步”的智慧融会到具体事例中，让读者朋友能够切实地体会到“争不一定得，让不一定失”的真谛。人生是一场修行，获取成功和幸福的方法很多，懂得了坦然面对得失、不争一时、知晓进退的道理，那么你的人生之路也必然能够笔直而平坦。

图书在版编目（CIP）数据

静下心来，不患得失 / 苏霏编著. --北京：中国纺织出版社有限公司，2019.11（2024.4重印）
ISBN 978-7-5180-6233-1

Ⅰ.①静… Ⅱ.①苏… Ⅲ.①人生哲学—通俗读物 Ⅳ.①B821-49

中国版本图书馆CIP数据核字（2019）第098217号

责任编辑：江 飞　　特约编辑：李 杨　　责任印制：储志伟

中国纺织出版社有限公司出版发行
地址：北京市朝阳区百子湾东里A407号楼　邮政编码：100124
销售电话：010-67004422　传真：010-87155801
http：//www.c-textilep.com
E-mail：faxing@c-textilep.com
中国纺织出版社天猫旗舰店
官方微博http：//weibo.com/2119887771
北京兰星球彩色印刷有限公司印刷　各地新华书店经销
2019年11月第1版　2024年4月第2次印刷
开本：880×1230　1/32　印张：5
字数：170千字　定价：49.80元

人生在世，我们每个人都在追求幸福和快乐。我们很多人以为，拥有的越多就越幸福，其实不然，很多人之所以不快乐，并非因为拥有的太少，而是想要的太多。

社会大舞台上，每个人都是自己生活的编导兼演员，只有学会正确地进行选择，有所为，有所不为，才能演绎出精彩的人生喜剧。

其实，我们所渴望的幸福不过是一种内心安宁、淡然的感觉，如果你内心感觉幸福，那么哪怕生活再清苦，人生再不顺，你也能微笑面对，否则，再奢华的生活也换不来你的开心一笑。

有人说，生命本身就不是一场完美的戏剧，它始终有缺憾，它给你带来些什么，也会带走些什么，但无论怎样，你都应该潇洒一点，都要学会寻求解脱。只要能坦然面对人生的得失，还有什么让我们畏惧的呢?

正如台湾女作家三毛说的：“真正的快乐，不是狂喜，亦不是苦痛，在我很主观的来说，它是细水长流，碧海无波，在芸芸众生里做一个普通的人，享受生命一刹那间的喜悦，那么即使我们不死，也在天堂里了。”

作家罗曼罗兰也说过：“一个人快乐与否，绝不依据获得了或是丧失了什么，而只能在于自身感觉如何。”

的确，幸福是一种心境，淡泊宁静，不计较得失，不在乎成败。这是一种睿智的生活态度，是对现代文明压抑的一种反抗。

然而，这份闲散与安逸，对于现代社会的人们来说，或许真的是一种奢望。要放下人生路途得失成败的压力，还需要我们保持一颗豁达的心。因为人生之路，不会总是阳光灿烂，不会总是枝繁叶茂，不会总是掌声不断，也会有阻挡在前的高山和荒凉的沙漠，也会有阴天时的迷雾重重，也会有他人的冷落，任谁也无法轻松地跨越。只有内心豁达、淡然以对，拥有平淡的真实，才会真正懂得品味人生，舒发人生，才会心存淡泊，拥有自我。

所以，幸福不是因为得到的多，而是计较的少。

本书从一个个生动有趣的故事出发，为读者朋友们讲述人生幸福的真谛，让读者有所感悟，进而找到豁达心灵的钥匙，从而把握住幸福，获得最真实的快乐。

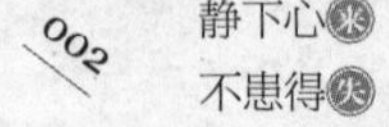

第 01 章

坦然面对，得失只是一时一事间

得与失之间并没有明确的界限

很多时候，面对得失，我们斤斤计较，恨不得永远只有得到，而没有失去。一旦失去了点儿什么，我们就绞尽脑汁地想要从别的地方获得补偿。殊不知，得失是人生的常态，并不值得我们这样大动干戈地去算计。人生，就在得失之间，而得失，大多数时候只在一时一事之间。命运总是公平的，有时，你在这里失去了，在其他地方就会获得补偿。因此，我们要以平常心对待得失，就像对待阴晴不定的天气，有乌云就会有阳光明媚，只须耐心等待就行。

得到和失去都只是暂时的，随着时间的流逝，即使是再美好的东西，也终将会逝去；即使是再痛苦的失去，也终将会被时间冲淡。我们会有新的得到，也同时会面对新的失去。而最终留给我们的，只是回忆。甚至连回忆，也会渐渐地淡忘。有些人喜欢用马拉松来比喻人生的漫长，的确，在跑完马拉松的过程中，终点已经不是那么重要，重要的是我们眼前所面对的景色。我们既无须想着遥遥无期的终点，也无须想着已然路过的美景，只需要盯着眼前的目标，一步一步地迈进。所以，把握现在吧，珍惜你所拥有的，遗忘你所失去的，勇敢地面对未来的生活。

他很喜欢唱歌，但是，因为家境贫寒，他没有足够的钱为自己买唱片和心爱的小提琴。一次，为了买一把心仪已久的小提琴，他把妈妈给自己的一个学期的学费花掉了。他抱着心爱的小提琴忐忑不安地度过了整整一个学期。让他惊讶的是，一个学期，学校都没有向他催交学费，因为妈妈没有打电话问他学费去哪儿了。当他渐渐心安的时候，新学期刚刚开学，他刚刚到校，妈妈就打来电话问他上个学期为什么没有交学费。终于东窗事发了，他的心踏实下来。面对妈妈的指责，他只是嗫嚅着说自己真的很想买那把小提琴。对此，妈妈虽然无可奈何，却不得不去为他筹措学费。

转眼间，在小提琴的陪伴下，他大学毕业了。他没有从事与自己所学专业相关的工作，而是走上了音乐的道路。也许是天赋，也许是音乐这条路走得太艰辛，当他能够自由地唱自己爱唱的歌时，他就像一颗爆发的原子弹，释放出了无限的音乐能量，他很快就走红了。看着无限风光的儿子，妈妈热泪盈眶，他自己也百味丛生。

瞒着妈妈，用一个学期的学费买了小提琴；忐忑地抱着自己心爱的琴度过了一个学期，不得心安；被妈妈指责，但是却依然不改音乐的梦想；毕业后，火速蹿红，成为音乐届的新星……这一切的一切，都是得与失的转化，却又不能仅仅用得失衡量。人生就是如此，我们无法精确地衡量自己的得失，因为得失之间的界限原本就没有那么明确。

得失不是绝对的，正如塞翁失马一样，焉知祸福呢？我们应该有一颗淡然的心，正确地面对得失，这样我们才能拥有豁达的人生。

得与失是可以互相转化的，我们应该坦然面对。

得之我幸，失之亦我所幸也

比尔·盖茨说："社会是不公平的，我们要试着接受它。"在这个世界没有绝对的公平，假如真的绝对公平了，反而会是另外一种不公平。一个人从呱呱坠地，就有很多的不公平，有可能是出生背景不同、家庭关系不同、受教育程度不同。面对这样的情况，如果我们处处较真，抱怨上天对我们不公平，那只会让自己陷入一个痛苦的怪圈。最让我们感到心理不平衡的，就是从前跟我们在一个水平线上的人，今天突然之间变得不一样了，一起工作的他却升职加薪了，一起做生意他却发财了。别人做事情总是处处顺利，而自己则是处处

碰壁。

在这个世界上，从来都是一分耕耘，一分收获，有所失才会有所获得，只有有了对生活、对工作的付出，才有可能得到期望的回报。在生活中，有的人比较幸运，他可以利用身边可以利用的一切资源，很快地过上令人羡慕的生活，而像自己这样一无所有的人，需要认清生活中存在的不公平，把自己的劣势变成努力奋斗的动力，发挥自己的长处，寻找机会，坚持自己想干的事情，这样才可以扭转我们所认为的不公平。

经常会有这样一些人，当事情还没办成的时候，就为了计较彼此之间分配上的公平而在争吵，而争吵的结果就是所办的事情不了了之。其实，在许多小事情上，绝不能拘泥绝对的公平，因为绝对的公平是不存在的。重要的是，我们要善于从长远利益出发，所谓小不忍则乱大谋，切忌处处较真、斤斤计较。

1.改变不了现实，就改变自己

虽然，社会提倡伸张正义、主持公道，那一些政治家在每一篇竞选演讲中也会慷慨陈词："让每一个人都得到平等与公平的待遇。"但是，日复一日、年复一年，我们始终无法真正地消除世界上许多不公平的现象。实际上，有史以来，这些现象就从来没有消失过，贫困、战争、瘟疫、犯罪、卖淫、吸毒和谋杀等各种社会弊病一代代延续着，某些地区还会愈演愈烈。我们应该明白，这些不公平现象的存在是必然的，当我们无法改变这一切的时候，我们可以努力改变自己，不让自己养成惰性，并用自己的智慧去努力争取。

2.别抱怨不公平

在生活与工作中，经常可以听到有人这样抱怨："这简直太不公平了！"当我们感到某件事不公平的时候，必然会把自己同另外一个人或另外一群人进行比较。我们会想：他比我得到的多，这就很不公平。你越是这样较真，那你就越是觉得自己是最不公平的。

3.只求心灵的平衡

凡事只要我们无悔地付出，至于结果怎么样，不要太在意，我们只求自己心灵的平衡。付出过，努力过，拼搏过，那就无怨无悔。对于生活中的许多事情，不要太去计较不公平的待遇，而只求得内心的安慰就可以了，这样我们才无愧于心。

4.得之我幸，失之坦然

一个人活着，他就注定了有机遇、有坎坷、有欢乐、有痛苦，即便我们付出了所有的精力和心血，也不会换来绝对公平的待遇。在生活中，有的东西既然别人得到了，如果我们再去争，也只会徒劳无益；假如自己得到了，那就好好珍惜，别人也不会轻易就能剥夺你的所有。

每天我们为了生存，不得不努力地挣扎着，以争取属于自己的那片天地。但在很多时候，我们努力了，却没有得到期望的结果。这时不要较真，不要哭泣，也不要怨天尤人，我们需要平静地面对这个世界，因为在这个世界没有绝对的公平，我们只求心灵平衡。

不做没有准备和不守规则的争抢

会开车的人都对一句话烂熟于心，即“宁停三分，不抢一秒”。的确，在每辆车都如同出膛的子弹一样的道路上，要想最大限度地避免交通事故的发生，最好的方法就是严格遵守交通规则，在遇到红灯的时候，宁愿停下来等待三分钟的时间，也不要争抢那一秒钟的时间。有的时候，这一秒就是健康与残疾的区别，也是亲人间的阴阳两隔。因而很多老司机都随着驾龄的增长，越来越小心，越来越胆小慎微。所谓初生牛犊不怕虎，反倒是那些新司机因为对路上的安全和危险一无所知，因而总是无视交规，也意识不到路面上隐藏的危险。

其实，不仅仅开车如此，在人生的道路上，我们每个人也如同高速行驶的汽车，恨不得把速度提升得快一些，再快一些，仿佛唯有如此，我们才能抓住人生的分分秒秒，做更多有意义的事情，也使自己的生命变得充实。然而，人生的道路并非总是平顺的，很多时候我们走着走着就会遇到障碍，或者是高山，或者是天堑，也或者是风雨泥泞。在这种情况下，我们是不顾一切地往前冲呢，还是停下来，以冷静理智的心分析客观存在的困难，从而找到最好的办法清除障碍，解决困难?

古人云，欲速则不达。这句话告诉我们，对于很多事情，过于着急反而无法起到良好的效果，唯有采取冷静的态度面对，再进行积极的思考，我们才能真正赢得人生的先机。所谓磨刀不误砍柴工，假如我们因为急于求成，导致事与愿违，那么必然要付出更多的努力和代价。只有想明白这个道理，我们才能做到人生路上的“宁停三分，不抢一秒”，也才能在做足准备之后一招取胜，使得人生的道路更加平坦。

尤其是在为人处世的过程中，很多事情都需要我们慢火熬制、精心慢炖。假如我们在人生路上总是火急火燎，做事情不分大事小情，事无巨细都急迫求胜，那么必然导致人生的局促和逼仄，也会因为心急导致事与愿违。在与人交往的过程中，人与人原本都是陌生而又独立的个体，难免会产生矛盾和纠纷。假如我们总是不分青红皂白就指责他人，也必然导致人际关系的紧张。真正的智者，待人处事都会留出足够的时间，这样一旦遇到突发状况也能及时解决，不至于弄得措手不及。因而，就让我们放平心态，以“慢炖”的心态面对人生吧。尽管人生时不时地也需要急火爆炒，但是大多数情况下还是需要文火慢炖的！

1799年，法国国力强盛，法国皇帝拿破仑一世调遣18000人的精锐部队，交由大将军马桑拿率领，入侵奥地利。当时，法国军队实力雄厚，在整个欧洲范围内都所向披靡，几乎没有任何国家敢与法国军队对抗。很快，马桑拿率领精锐部队来到了奥地利的边界，在一座小城附近驻扎下来。这座小城叫弗雷其克，城内并没有军队驻扎，而且也没有任何力量能够与法国大军相抗衡。

马桑拿率领大军来到弗雷其克城外时，当天正好是复活节。将士们全都意气风发，斗志昂扬，几乎肆无忌惮地朝着城内的居民大声喊叫，无所顾忌。眼看着大兵压境，弗雷其克城里的居民聚集到一处，商量着关于投降的事情。然而，会议从早晨开到下午，依然毫无结果，谁也说不出个所以然来。最终，有位德高望重的老人说：“既然今天是复活节，我们为何不专心致志地过节呢？与其把宝贵的时间用于讨论投降问题，最终却毫无结果，还不如放下这件烦心事，一起狂欢呢！从现在开始，我们就把可恶的法国军队交给上帝吧！”在老人的提议下，大家都觉得这样没有结果地继续讨论下去，的确没有意义。于是城内的各大教堂都敲响了做礼拜的钟声，所有的居民全都高高兴兴地欢聚一堂，开始诵读圣诗，庆祝复活节的到来。

这时，经验丰富的马桑拿将军敏感地意识到城内一定发生了什么事情，因为他们刚刚到达城外时，城内还是哭声一片呢。短短的半天时间过去，城内居然锣鼓喧天，居民更是无所顾忌地狂欢，似乎等待在城外的不是侵略者，而是他们久别重逢的亲人一样。想到这里，马桑拿将军马上下令给军中："根据我的经验，城内肯定是有了援军，也许正准备迷惑我们进城，让我们全军覆没呢！"在与参谋们经过慎重商议之后，马桑拿当即下令撤兵，他们可不愿意冒着全军覆没的危险深入敌人的阵营啊！就这样，弗雷其克城仅仅凭着钟声和歌声，不费一兵一卒，让法国的大将军马桑拿下令撤兵，后来人们都把这件事情当成美谈，流传至今。

面对法国军队的大兵压境，弗雷其克城的居民自然高兴不起来，即将成为俘虏的他们为自己的前途担忧。然而，这个问题尽管迫在眉睫，却并非一朝一夕能够解决。即便是商量了将近一整天，手无寸铁的弗雷其克城居民也无计可施。这时，一位聪明睿智的老人想出来好办法：既然不能改变事实，何不活在当下，过好近在眼前的复活节呢！这句话使每个居民都豁然开朗，也使他们能够真正无视战争的威胁，尽情尽兴地度过人生中也许是最后一个平平安安的复活节。他们马上敲响教堂的钟，开始专心致志地投入复活节的狂欢和庆祝之中，如此一来反而使得经验丰富的马桑拿将军对城内的情况失去把握，最终为了安全起见，他不得不下令撤退，从而使得弗雷其克城的居民们暂时安全。如此充满智慧的人生选择，让人不得不钦佩，也不得不对老者豁达从容、淡定自若的人生态度竖起大拇指。

在漫长的一生之中，尤其是在纷繁复杂的社会上，我们每个人都有可能遇到不顺心、不如意的事情，还会遭遇突如其来的灾难。在这种情况下，我们与其惊慌失措，盲目地做无用功，不如摆正心态，坦然接受即将到来的命运。当你真的做到从容不迫，你也就真正成为人生的主宰，也成为人生的赢家。

我们无法决定得失，但可以决定心情

每个人从呱呱落地到不断成长和成熟起来，都必然要经历诸多的选择，或者是得到，或者是失去，毋庸置疑，每一种选择都是艰难的。有人说人生就是由诸多选择组成的，我们在选择的同时，必须不断地放弃那些原本不属于我们或者已经退出我们生命舞台的东西。也就是说，一个人只能选择唯一的道路。的确，要想做出选择，就必须有所舍弃，当然，好的选择也让我们得到更多。尤其是现代社会，很多人都面临形形色色的诱惑，导致人生陷入欲望的深渊，如果不及时放弃这些不切实际的欲望，我们的人生必然被欲望捆绑，我们也就无法轻装上阵，奔向最终的成功。

当然，舍弃并非总是轻易就能下定决心的。当我们面临选择时，只有学会放弃，才能理智舍弃。有很多人都对舍弃存在误解，觉得舍弃就是失败，是做人的莫大遗憾。其实，如果朋友们会下围棋，就会知道我们偶尔放弃小的利益，就能得到大的利益。正如古人所说，鱼与熊掌不可兼得也。如果我们总是绞尽脑汁地想要得到更多，只怕我们最终会一无所有。

有个男孩大学毕业后一直没有找到特别理想的工作，因而他决定参加计算机培训班，提升自己的计算机水平。这个培训班需要学习一年，男孩现在还有两个月就要毕业了。正当此时，他通过朋友得知，有一家世界知名的计算机公司正在招聘人才，不但待遇丰厚，而且这家公司发展很好，未来晋升空间很大。不过，这家公司的招聘已经持续了一段时间，如果不抓紧时间去面试，就会错失这个好机会。但是如果面试通过，就必须马上上岗，这样一来男孩就无法完成还剩下两个月的计算机培训课程，更拿不到培训班的结业证书。思来想去，男孩始终很犹豫，因而他决定和父亲商量这件事情。

得知事情的原委后，父亲买回家两个很大的西瓜，让男孩抱起一个西瓜，然后又让男孩抱起另一个西瓜。但是这两个西瓜真的太大了，即便是抱起一个西瓜，都要用两只手。对于男孩而言，他根本不可能再抱起一个大西瓜。因而他一筹莫展地看着父亲。父亲似乎看出了男孩的心思，追问："你如何抱起另一个西瓜呢？"男孩摇摇头，说："我只有两只手，这根本不可能。"父亲笑着说："其实是有办法的，你再好好想想。"男孩思来想去，始终找不到合理的解决方法。这时，父亲示意他放下怀中的那个西瓜，说："现在，你再把另一个西瓜抱起来。"果不其然，男孩轻而易举就抱起来另一个西瓜。父亲语重心长地说："人生在世，不可能把所有的好事情都占全。我们必须学会适时地舍弃，才能腾出手来，抓住更重要的人生际遇。"男孩恍然大悟，他放弃了培训，选择去那家公司面试。果不其然，他如愿以偿地进入那家公司，获得了自己心仪已久的工作。

很多千载难逢的好机会总是转瞬即逝，假如故事中的男孩在面对这样的机会时迟疑不定，那么他就会错失这个好机会，导致自己懊悔不已。幸好，父亲以两个西瓜打消了他的顾虑，使他意识到在机会面前不能犹豫，而且要果断取舍。其实，每个人在人生之中都有可能面对形形色色的机会，也要做出各种比较为难的选择。要想让自己变得更加坚强勇敢，我们就必须学会舍弃，否则我们就会错失良机，追悔莫及。要知道，很多时候舍弃并非被动地失去，而是主动地选择，因而更符合我们的需求，也能够给我们的人生带来好的结果。

朋友们，当你们因为舍弃感到痛心时，不妨想一想自己也许会因祸得福，因此得到更多，收获更多。当然，很多情况下我们自身并无法决定人生的得失。面对被动地失去，我们也要怀有坦然的心境，这样才能让自己从容洒脱，明智地拥抱和接纳生活。人生是一场旅行，我们唯有轻松上阵，才能走得更快、更好。就让我们忘记人生中那些因为舍弃而生的痛苦吧，对于任何人而言，最重要的都是往前看，奔向前方。

笑着面对命运的安排，找到自身存在的价值

现实生活中，很多朋友都不愿意被他人利用，总觉得这是一件侮辱自己的事情，是完全不可接受的。殊不知，你之所以被利用，恰恰是因为你还有被利用的价值，对于任何人而言，最悲哀的事情不是被他人利用，而是根本没有人愿意利用他们。因为他们毫无价值，所以面对他人的利用，我们与其抱怨，不如一笑置之。继续接受他人的利用，发挥自身的价值，最终实现自己的伟大理想和抱负。

现代社会，生活节奏越来越快，生活压力越来越大，很多人初入

职场，就频繁遭受被利用的境遇，也在人生的路上不断地被打击，甚至被他人折磨。不得不说，这样的遭遇的确很糟糕，但是人生成长的历程是不可取代的。就像小小的孩子在学走路的过程中总是会跌倒，甚至摔得鼻青脸肿一样，在成长的道路上也必然经历很多艰难坎坷。唯有摆正心态，坦然面对他人的利用，知道他人的利用正是对我们自身价值的肯定，我们才能更加从容前行。

常言道，不怕被利用，就怕没有用。被利用不可怕，重要的是在被他人利用的过程中，采取正确的态度面对。这样，才能感受到积极乐观的意义，而不会被抱怨沮丧纠缠。

很久以前，果园里的一棵苹果树结出了很多苹果。其中有一个苹果完全不像其他的兄弟姐妹一样红艳艳的，又大又圆，而是非常小，干瘪丑陋。随着时间的流逝，苹果渐渐成熟，很快那些大块头的苹果都被摘走了，走上了主人的餐桌。在留在树上的苹果中，这个苹果依然毫不起眼。直到霜降之后，主人才把所有的苹果都摘下来，拿到集市上去卖。然而，在经过人们或者粗糙、或者娇嫩、或者软滑的手挑挑拣拣之后，这个丑苹果依然被剩下来。最终，它被倒入垃圾桶里。在它身边，有很多腐烂的苹果正在继续腐烂。它们怨声载道，唯有丑苹果很高兴地唱着歌儿。

垃圾桶很纳闷，问丑苹果："你都遭到这样的厄运了，为何还是乐呵呵的呢？”丑苹果笑着说：“我为什么要难过呢！我只是一个丑苹果。虽然我没有被人们选中，走上漂亮的、铺着桌布的餐桌，但是我却来到你的怀抱里。不久之后，我会回到大地母亲的怀抱，最终生根发芽，也许我会结出一树的大苹果呢！”

对于丑苹果而言，它是幸运的，因为它很清楚自己有何价值。所以它最终坦然回到大地母亲的怀抱，也成功地生根发芽结果，最终长成了一棵粗壮的苹果树，让苹果挂满自己的枝头。不管是一个丑苹果还是一个人，抑或者是某一件事物，唯有拥有自身的价值，存在才是更有意义的。

朋友们，与其不停地抱怨命运不公，不如微笑着面对命运的安排，从容找到自身存在的价值。更不要害怕自己被利用，因为不管价值以何种形式体现出来，都远远胜过没有价值的存在。所以感谢他人的利用吧，也要微笑着拥抱人生！

第 02 章

知足常乐，不强争也就不会迷失

静看花开花落，不强求结果

生命是个奇怪的东西，自打我们来到人世，似乎就在为所谓的幸福努力着，于是很多人毕生都在奋斗，努力地证明自己生命的不凡。有的人选择了用事业上的成功来证实，有的人用不断争取来的权势来证实，有的人凭借巨额财产来证实，有的人用满腹的才华来证实……有的人成功了，也有一些人失败了，其实，凡事我们都不应该强求结果，也不必去证明什么，否则，我们会给自己施加太大的压力。而我们也只有秉持凡事随缘的态度，才能更好地走好前方的路。

然而，“宠辱不惊，闲看庭前花开花落；去留无意，漫随天空云卷云舒”，这份闲散与安逸，对于现代社会的人们来说，或许真的是一种奢望。每个人都有决定自己生活的权利，何必把自己搞得那么累。放慢你的脚步，尽情地呼吸，尽情地欢笑，让生活中多一些温馨，生命少一份遗憾。有人说，旅途是繁忙的，必须抓紧时间赶路；有人说，旅途是悠闲的，应该缓缓而行；还有人说，旅途的终点是归宿，何来紧迫与悠闲……

据说，苏格拉底曾与人相约去爬山。那人一路赶来，气喘吁吁，姗姗来迟的苏格拉底便问：“你来的路旁有什么吗？”“我不清楚，我只顾向前。”那人沮丧极了。于是，苏格拉底拍拍身上的尘埃，娓娓而谈：“真是太遗憾了，我已经欣赏完了沿途风光。”苏格拉底的话看似平常，却蕴含了无限道理。是啊，在朝目标前进的时候，请放慢你的脚步，去欣赏两边的风景，或许会有一番“惊喜”。

的确，事物的过程与结果，我们更看重的应该是过程。努力过、欣赏过沿途的风景，这才是最为可贵的。然而，要真正做到不强求事物的结果，还需要我们保持一颗平常心。保持一颗平常心，是人生的一种智慧。有一颗平常的心，才能正视现实，甘于平庸；才能不骄不躁，顺其自然；才能拿捏好尺寸，把握幸福。

所以，我们应该看淡事物的结果。人世间的事物，来来去去，本就没有一个定数，我们不能左右世事，但可以左右自己的心。当我们拥有时，我们要懂得珍惜，失去时，也不可过分执着。人有悲欢离合，月有阴晴圆缺，以一份淡然的心面对，我们的心情会释然很多。

踏实做好手头的事，别天天做白日梦

一直以来，中国人都比较推崇坚持精神，古代郑板桥也说“咬定青山不放松……任尔东西南北风”。我们常常也听周围的人说“凡事坚持就是胜利”。诚然，我们不得不承认一点，很多人在解决问题的时候，因为有锲而不舍的精神，所以最终迎来了成功。但成功的前提是，我们所坚持的事是建立在现实基础上的。坚持那些不切实际的事则与做白日梦无异。对此，与其错误地坚持下去不如明智地放弃，然后另选一条路。当然，这需要我们学会准确地定位自己，认清自己，看到自己的价值，然后懂得适时放弃错误的选择，这样，你就能充分挖掘自己的内在动力，再朝着正确的方向努力，你就会始终坚持做自己，充分发挥自己的价值。

我们先来看看下面一则寓言故事：

从前，有一位潜心布道的神父。

这天，他按照计划来到一个小村庄，他走进了教堂，准备为这里的人祈祷。突然，下起了大雨。不到几个小时的工夫，洪水就淹没了整个村庄，教堂也没有幸免。

他发现，洪水已经淹没了他的膝盖。村里的警察很快赶来了，让他赶紧离开教堂，但神父却固执地说：“不，我不走！我坚信仁慈的

上帝一定会来救我的，你先去救别人吧！”

过了一会儿，水越来越深了，已经淹没了神父的腰部，神父只好站在椅子上继续祈祷，这时，几个救生员划着船在教堂外大喊：“神父，赶快过来，我们救你走！”神父还是执着地说道：“不，我要坚守着我的教堂，相信慈悲的上帝一定会将我从洪水之中救出去的。你赶快先去救别人吧。”

又过了半个小时，整个教堂完全被洪水淹没了，神父只好爬上十字架上，在滚滚的洪水中坚持着。这时候，一架直升飞机缓缓地飞到了教堂上方。飞行员丢下悬梯，大喊道：“神父，快上来吧，这是最后的机会了，我们可不愿意看到你被洪水冲走！”神父依然意志坚定地说：“不，我要守住我的教堂！上帝绝对会来救我的。你去救其他人吧。上帝会永远与我同在！”

固执的神父最终没有逃脱被滚滚洪水冲走的命运……

死后的神父有幸到了天堂，他质问上帝为什么不来救他。上帝回答道：“我怎么不肯救你了？你忘记了？第一次，我派人劝你离开那危险的地方，可是你却坚决不肯；第二次，我派了一只救生艇去救你，但你还是一意孤行不肯离开；第三次，我以对待国宾的礼仪待你，又派了一架直升飞机去救你，结果你还是不愿意接受我的救助。是你自己太固执了，总是不肯接受别人的救助，我在想，你是不是太想见到我了，那么，我就成全你吧。”神父顿时哑口无言。

看完这个故事，我们不免觉得有点可笑，觉得这位神父太迂腐。在我们看来，上帝来救他这一情况是根本不可能实现的幻想而已。当然，最终，他只能被淹没在洪水之中。

然而，我们的生活中，也有这样一些人，他们习惯于做白日梦，他们管不住自己的大脑，总是幻想着这样或那样的事，但事实上，将任何有意义的事情做好，才会有成功的可能。我们的目标如果不切实际，那么，盲目地坚持则只会以失败而告终。要想成功，我们就要平静下来，脚踏实地做好手头的事，一步一个脚印。成就绝非朝夕之功，凡事必须从小做起，只要有意义。

我们每个人，都有自己的梦想，都希望能做出一番成绩来，但现实告诉我们，必须从最基础的工作做起。这对于那些喜欢做白日梦的人来说，无疑是更高层面的挑战。可见，坚持其实是追求卓越的一种优秀品格，但是，当出现在我们面前的是一座无法逾越的大山时，我们所需要的不是一条路走到黑的执着。这时，应该放弃坚持这个错误，然后再做明智的选择，行走另外一条路。因为天无绝人之路，上天在关掉一扇门的同时，也会为你再开一扇窗的，所以错误的坚持要不得，我们需要的是灵活应变，而不是盲目的执着。

总之，对于那些不切实际的坚持该放手的时候就要明智地放开手，明知道这是一条走不通的死胡同，却还要继续往前走，迎接你的只有痛苦与浪费。

放慢脚步，舍弃那些束缚自己的事物

现代社会，人们抱怨，活着真累。而人为什么活得累？因为人们一直在马不停蹄地赶路，他们太贪心了，总是什么都想得到，总是什么都舍不得。不仅要物质、财富、名利，还要情感，不但要有，还要最好的。这样，我们自然会被欲望控制住，欲望的沟壑是无法填满的。这山望着那山高。于是乎，还得追求，还要奋斗。好不好呢？追求并不是不好，人因为有追求才会有进步，否则就是行尸走肉！但凡事有度，如果太过专注那些虚无缥缈的追求而忽视了眼前的东西，那就本末倒置了。毕竟，不是每个人都能成为比尔·盖茨，也不是每个人都能成为商界精英、政界豪客。所以，要想活得轻松，活得快乐，就要学会停止，学会放慢自己的脚步，学会舍弃那些束缚自己的事与物，那么，你收获的就是一颗平常心，一份淡然的快乐！

曾经，有个成功人士，和很多追求成功的人一样，他也经历了很多坎坷。

十几岁时，他给人打工、干体力活儿，每天，他清早就起床，凌晨以后才睡觉，他没有朋友，只是努力干活。那时候，他想，要是能拥有自己的一家店面就好了。

几年后，他有了一点积蓄，于是，他用这钱盘下了一间店，做起了生意。那时候，虽然忙点，但生意还是不错的。他没有闲钱雇用伙计，他什么都自己亲自动手，他心想，过几年，生意做大了再休息吧。

又过了几年，他凭借自己的努力，生意越来越好了，店也开得越来越多，每天资金流动量很大，他更不放心把生意交给别人打理了，还是自己苦拼，联系货源、接待客户、管理账目……没日没夜，忙得如有狼在后面追一般。看他真的好辛苦，有人就劝他：“你放一放可以吗？好好地休息一天，看看世界会不会大变！”

他回答：“那怎么行，我若不做，别人就会抢走我的生意，前面的那些大户我会追不上的，后面一些中小户又逼上来，放一放，我会落在后面的。”

终于有一天，他累倒了，他被迫躺在病床上不能动了，他的生活里突然少了工作，少了生意，他终于有时间好好想想自己的人生了。

一天，他亲眼看见一个病友被抬出病房，再也没回来。“那是个多么年轻的小伙子啊！”他感叹道。

那张已经空了的病床，让他感慨颇多，他突然明白一个道理：

人由生到死其实只是一步的事，人生苦短，何苦让自己过得这么辛苦呢？一直以来，自己的名利心太重，想要的太多，然而真正得到的却很少。如果不是这次病倒，自己会一直拼到50岁、60岁，甚至更久，没有娱乐，没有休息，最后两手空空地离开这个世界，这是一件多么可悲的事啊！

出院后，他好像换了一个人似的，生意还在做，只是他交给别人打理了，即使那人有了失误，他也不大在意，人们还经常在高尔夫球场上看到他，有时他也与他的家人坐飞机到外地旅游。

他终于懂得了生活的意义，终于找到了所谓的放下——这颗人生中最宝贵的钻石。

其实，我们自打出生起，都一直在孜孜不倦追求一样东西，那就是幸福，无论是追求财富、名利还是地位，都是为了获得幸福。可悲的是，现实生活中的一些人，总是不安于现状，他们并不是被那些“一日一鱼”所诱惑到，而是总有无止境的追求，于是，便在这所谓的追逐中失去了原本快乐的自我。

人们常说，生命的意义不在于其长度，而在于其宽度和高度，这句话是对生命意义的高度抽象化的概括。我们一直在苦苦地思索着怎样才能使生命有意义，这其实也很简单，就是幸福。人生在世，无论我们选择哪条路，我们都必须洒脱、快乐地面对生活，面对生命。只有快乐一点，你的心才不会老去，心中永远有用不尽的激情，眼睛里时时刻刻都是新鲜的风景，这样的生活不禁会让我们萌生无限的遐想和向往。让我们在清晨的阳光下上路，轻快地迈步，感悟那些在路上折射出来的无尽的哲思之美。

哲人说过，生活中缺少的不是美，而是发现美的眼睛。同样，生活中缺少的不是快乐，而是人们不舍得放下那些羁绊束缚我们追求快乐的事物。只有学会停止，才会收获快乐，也只有学会放下无止境的欲望，保持一颗平常心，学会享受阳光雨露，才会快乐。

人生太短暂，我们大可不必整日忙着追逐功名利禄，金钱、物质等都是带不走的虚无缥缈的东西，只有快乐才是我们应该追求的终极目标。因此，要做一个快乐的人，首先要学会停止，只有知道停止的人才能体会到幸福和快乐，才能尽情地享受生活的乐趣，不管你是贫穷还是富有，聪明还是愚笨，只要你有一颗快乐的心，你的人生就会充满乐趣，就会五彩缤纷。

学会知足，试着降低对生活的期望

对于生活，大多数人都有很高的期望，希望生活能够如同影视剧一样，呈现出完美的状态。然而，生活永远也不可能是影视剧，更不可能如同我们心中所想的那样一帆风顺。大多数情况下，生活的本质是坎坷与挫折，是苦难和磨难。难道我们为此就要惶惑不安吗？其实不然。真正的甜是在苦涩映衬下的甜，真正的美好是在残缺映衬下的美好。一个人之所以感到满足而又快乐，并非因为他得到的多，而是因为他奢望的少。对于生活，我们也该如此。

当然，很多人也许会说，降低生活的期望我们才能感到幸福，但是降低对生活的期望恰恰又是不思进取的表现。其实，不是要我们对生活放弃期望，而是降低我们不合理的欲望，成为欲望的主宰，掌控着欲望。众所周知，欲望是永无休止的。假如我们任由欲望驱使我们，我们就会陷入欲望的深渊，再也无法挣脱欲望的束缚。在这种情况下，还谈何幸福快乐可言呢！所谓降低生活中的欲望，就是摒弃那些不合理的、不符合我们生活现状的欲望。例如作为工薪阶层却梦想着住大别墅，整日为此茶饭不思，岂不是自寻烦恼呢？实际上，终有一天你会发现，与家人相依相伴，守护在一起，哪怕住在很小的房子里，也是莫大的幸福。

记得柏拉图曾经说过，在这个世界上，没有任何事情是值得我们感到焦虑的。的确，对于那些我们可以掌握的事情，我们与其焦虑，不如积极地想办法解决问题。对于那些我们无法控制的事情，我们与其焦虑，不如放下，因为焦虑于事无补，远远不如积极乐观对待更有帮助。遗憾的是，在这个世界上，有无数人都在以焦虑折磨自己，以永不满足的心作为欲望的沟壑，阻断我们的生活。当你能够清除内心的焦虑，让自己随遇而安、知足常乐时，你的人生也就真正到达了高尚的境界。

有个老奶奶整日愁眉苦脸。有一天，邻居问："老奶奶，您是怎么了，整日闷闷不乐的。"

老奶奶皱着眉头说："今天天气很好，阳光这么大。"

邻居又问："阳光好是值得高兴的呀，您为何不高兴呢？"

老奶奶说："我的大女儿是卖伞的，这么好的天气，她的伞可都卖不出去了。"

邻居摇摇头，小声嘀咕着"可怜天下父母心"离开了。

过了几天，天气下起了大雨，邻居看到老奶奶依然沮丧地坐在门口，又问："老奶奶，今天下雨了，您大女儿的生意肯定很好，这下子应该高兴了吧？"不想，老奶奶依然愁眉不展地说："是的，我大女儿的生意肯定很好。但是我二女儿是开染坊的，今天根本没法晾晒

那些新染好的布料啊。”听到老奶奶的话，邻居笑着说：“老奶奶，您呀，别太操心了，儿孙自有儿孙福呢！您看看，有太阳的时候您小女儿挣钱，下雨的时候您大女儿挣钱，多好啊，天天都财源广进。”

邻居的话把老奶奶说得眉开眼笑，她再也不忧愁了。

在这个事例中，原本老奶奶对于生活的期望太高了，她既希望卖伞的大女儿挣钱，也想要开染坊的小女儿挣钱，然而同一个地方同一时间只能有一种天气。她为此整日愁眉苦脸、郁郁寡欢，殊不知只要改变心态，就可以每天都高高兴兴地看着女儿们财源广进，可见心态有多重要。

幸好有邻居一语点破老奶奶，否则她还不知道要伤心、担忧到什么时候呢！当然，从精神的角度而言，焦虑之于人的精神，就像癌症之于人的身体，是很难治愈的。我们必须先肯定焦虑的存在，这样才能在焦虑发生的时候及时与其对抗。改变焦虑的方式有很多，我们可以想一些开心的事情，或者做一些喜欢做的事情，也可以采取冥想的方式使自己保持安宁平静。当然，最重要的是找到焦虑的根源，这样才能斩草除根，彻底解决问题。对于那些无法解决的难题，与其焦虑，不如淡定一些、从容一些，也许时间会给出我们最好的解决办法。记住，你的焦虑来自你的内心，你的快乐也来自你的内心。因而，只有你，才能决定自己是忧愁还是快乐。

珍惜眼前的生活，你将获得更多

有人说：“世间最珍贵的是‘得不到’和‘已失去’。”人们用尽了一辈子去验证这句话，可到了迟暮之年，他们才发现：原来，世间最珍贵的不是“得不到”和“已失去”，而是现在能把握的幸福。流年似水，人生苦短，许多人固执地为了追求自己得不到或已经失去的东西，而放弃了眼前唾手可得的幸福，这是多么不值得啊？

孟子曰：“鱼，我所欲也；熊掌，亦我所欲也。二者不可得兼，舍鱼而取熊掌者也。生，我所欲也；义，亦我所欲也。二者不可得兼，舍生而取义者也。”漫漫人生路上，我们总是面对着得与失的艰难抉择，得与失就如同一对生死兄弟，我们只能选择其一，有得必有失，有失必有得，这就是哲理所在。其实，在很多时候，我们没有必要去计较得失，只要你怀着一颗感恩的心，珍惜眼前的生活，那么，你将获得更多。

人的幸福感永远都是在比较中产生的，幸福通常是感觉不到的，而我们感觉到的常常是不幸福。一个人可以健康地呼吸，他会认为这是最自然的事情，但是，忽然有一天，他生病了，才明白自由的呼吸是一件多么幸福的事情。其实，他没有得到什么，也没有失去什么，

但是，经历过失去之后往往会更懂得珍惜眼前的生活以及自己所拥有的一切。

学会珍惜，这四个看似简单的字，组合在一起，却变成了一个意义涵广的话题。大海广阔无垠，因为它珍惜每一条小溪；群山连绵巍峨，因为它珍惜每一块砾石；树木枝繁叶茂，因为它珍惜每一缕阳光。人生在世，有许多需要珍惜的东西，但是，人们往往在拥有时不懂得珍惜，在失去之后，才懊悔不已，但为时已晚。

有人最喜欢木棉花，因为它有美好的花语——珍惜眼前的幸福。身患重病的人会觉得健康是一种幸福，骨肉分离的人会觉得合家团聚是一种幸福。许多在雨夜中赶路被淋得浑身湿透的人都有过这样的感受，当他走进一家亮着灯的小店铺时，一碗热汤给他的幸福感往往是刻骨铭心的。为什么一定要等到失去才学会珍惜呢？人生总有得失，我们需要学会珍惜，懂得珍惜，这样才会使我们的生活多一些甜美，少一些分遗憾，多一些幸福，少一些痛悔。

在生活中，健康、自由、亲情、友情等都是极大的幸福，但是，我们在拥有它们的时候，并不知道珍惜。内心欲望的驱使，使得我们想获得更多的东西，其实，我们得到的已经很多，只是不懂得珍惜而已。

第 03 章

源于欲望的争，是失去了平和去自寻苦痛

人都是因为贪欲过盛，才导致痛苦

叔本华认为，人是欲望和需求的化身，是无数欲求的凝结，人之所以痛苦，是因为想拥有的东西太多了，这来自心中的贪念。人生在世，贪什么呢？一为名，二为利。但人生之名利，生不带来死也带不走，看透不说透才是真正的智者。佛家说："打透生死关，生来也罢，死来也罢；参破名利场，得了也好，失了也好。"名利，说白了，不过是身外之物。从古至今，无数人无时无刻不在为名利而追逐，尔虞我诈，不惜血本，有的甚至以牺牲生命为代价，有的人为了一时既得的利益，竟然违背自己的良心，这种对名利的追逐其实就是人生的痛苦与悲哀。佛家说，假如真的能看透生与死，那也就看透了人们的生死虚妄。一个人，得名利时，如果十分欣喜，那就是一种生，也是一种死；一个人，失去名利时，如果痛苦万分，同样也是一种生，也是一种死。

人生路上，每个人都背着一个空行囊行走，一路上，因为心中的欲望，人们会捡拾许多东西，诸如地位、权力、财富，一路捡拾，行囊渐渐地被装满了，因为沉重，所以快乐也就渐渐消失了。生活本来没有痛苦、没有烦恼、没有忧愁、没有沉重，当欲望太多了，计较太多了，背负太多了，那痛苦、烦恼、忧愁和沉重便产生了。

贪念越盛，痛苦便越多，幸福便离我们越远。而只有懂得节制欲望的人，才能享受到人生的真正乐趣，才能享受到生活的从容自在。

一辈子只追名逐利是生命的悲哀

有人说，于连有着两面性的性格特征。于连最后在狱中也承认自己的身上实际有两个我：一个我是“追逐耀眼的东西”，另一个我则表现出“质朴的品质”。在追逐名利的过程中，真实的于连与虚伪的于连互相争斗，当然，他本人内心也是异常痛苦的。最终，因不断地追求名利，自己心力交瘁。

正所谓“一语天然万古新，豪华落尽见真淳”。陶渊明不为“五斗米折腰”的气节，更是不断鼓励着后代人要以天下苍生为重，以节义贞操为重，不趋炎附势，保持善良纯真的本性，不为世上任何名利浮华所改变。

1.克制自己对名利的欲望

人们对来自他人的奴役，都能够保持高度的警惕，而对来自自身欲望的奴役，很多人往往不能保持足够的警惕。因为对名利的追逐，使得我们的人生就好像一场战争。不断地追名逐利，结果自己深陷名利的旋涡中痛苦一辈子。

2.不要渴求名利带来的优越感

每个人的内心深处对名利是有着一定的渴求的。很多时候，一旦自己对名利的渴求得不到回应，人们便会灰心丧气，觉得人生无望了。其实，这只是一种私心，他只是在计较自己不能获得名利带来的虚荣感而已。

3.不为名利折腰

古人云："志不行，顾禄位如锱铢；道不同，视富贵如土芥。"名利不过如敝屣，人应弃之。三国时名动天下的诸葛亮于《诫子书》中写道："非淡泊无以明志，非宁静无以致远。"由此可见越是追名逐利者越不能如愿以偿。把名利看淡些，不为名利而折腰，你会发现自己离目标会近些，看得淡名利的人往往更容易实现梦想。

4.简单快乐就好

面对繁杂纷乱的现实社会，有谁能做到真正意义上的宁静淡泊呢？如果是如此，难道我们就应该为名利而穷尽一生？如果运气可

以，我们最后会名利双收，但这时我们的生命已经接近尾声了，这样的人生有什么意义呢？所以，与其为无穷的名利斗争而痛苦，不如活得简单一点，这样生活才会给予我们更多的快乐。

钱财乃身外之物，过分看重得不偿失

在生活中，我们经常会看到这样一种人：抠门、小气，与人交往总是只进不出。人们称这样的人为“守财奴”“铁公鸡”。什么是守财奴？顾名思义，也就是只知敛财不知用度的人。莎士比亚在喜剧《威尼斯商人》中塑造了一个吝啬鬼的形象——夏洛克。他是一个资产阶级高利贷者，为了达到赚更多钱的目的，在威尼斯法庭，他凶相毕露：“我向他要求的这一磅肉，是我出了很大的代价买来的，它是属于我的，我一定要把它拿到手里。”与所有的守财奴一样，他的本性是贪婪。

在《儒林外史》中，严监生算是一个守财奴的经典形象了。听听严监生是如何向舅爷诉苦的：“便是我也不好说。不瞒二位老舅，像我家还有几亩薄田，日逐夫妻四口在家度日，猪肉也舍不得买一斤，小儿子要吃时，在熟切店内买四个钱的哄他就是了。”

严监生临死之前，他把手从被单里拿出来，伸着两个指头。大侄子走上前来问道："二叔，你莫不是还有两个亲人不曾见面？"他就把头摇了摇。二侄子走上前来问道："二叔，莫不是还有两笔银子在哪里，不曾吩咐明白？"他两眼睁得滴流圆，把头又狠狠地摇了几摇，越发指得紧了。

奶妈抱着儿子插口道："老爷想是因两位舅爷不在眼前，故此惦念。"他听了这话，把眼闭着摇头，那手只是指着不动。赵氏慌忙揩揩眼泪，走近上前道："爷，别人都说的不相干，只有我能知道你的意思，你是为那灯盏里点的是两根灯草不放心，唯恐费了油。我如今挑掉一根就是了。"说罢，忙走去挑掉一根灯草，众人再看严监生时，只见他一点一点把手垂下，登时就没气了。

这个经典的镜头成为守财奴的标准画像，严监生就是一个为两根灯草而不肯咽气的土财主。人的一生是十分短暂的，钱财跟生命比起来简直是一文不值，哪怕你万贯家财也不能买下来一秒钟的生命。

从前，有一个十分吝啬的人，他从来没有想过要给别人东西，连别人叫他说"布施"这两个字，他都讲不出口，只会"布、布、布……"大半天过去了，他还是"布"不出来，好像自己一讲出这两个字就会有所损失似的。唯一让他感到纳闷的是，比他还要穷的人都生活得快乐幸福，但他却不知道幸福的滋味。

佛陀知道了这件事，就想去教化这个吝啬的人，佛陀来到了他住的城镇，开始宣扬“布施”。佛陀告诉大家布施的功德：一个人这辈子会富有，比别人长得漂亮，所有一切美好的事物，都跟他上辈子的布施有关。那个吝啬的人听了佛陀的话，心里很有感触，但是，自己就是布施不出去，他为此感到懊恼。于是，他跑去找佛陀，对佛陀说：“世尊啊！我很想布施，但是，就是做不到，你能告诉我该怎么办吗？”佛陀在地上抓了一把草，将草放在那个吝啬人的右手，然后要他张开自己的左手，告诉他说：“你把右手想成是自己，把左手想成是别人，然后把这草交给别人。”可是，那个吝啬的人一想到要把这草给别人，他就呆住了，心里不舍得拿出去。他看了看自己的左手，赫然发现：“原来左手也是我自己的手。”他心里豁然开朗，一下子就把草交出去了，他明白了自己只需要很简单地将别人想成自己，就能布施。佛陀笑着说：“现在你就把草交给别人吧。”那个吝啬的人将草真的交给了别人，在不断的练习中，他学会将自己的财物布施给别人，最后把自己的房子也布施给了别人。然而，他的身心获得了一种从来没有体验过的幸福与快乐。

一个人无法给予另一个人真正的发自肺腑的温暖，就不可能有精神的美。虽然，我们拿出了一些金钱，但却给自己带来精神上的快乐，这何尝不是一件美事呢？金钱，生不带来，死不带去，当花则花，你对别人大方了，别人才会对你大方。人活一生，就是一个过程，可如果到了守财奴、吝啬鬼的分上，那人生便毫无意义了。

1.不计较在金钱上对别人的帮助

有时候，身边朋友或同事在金钱上有了困难，我们应该大方援助，因为在帮助别人的同时，我们也将收获一份精神上的快乐。在交际中，不要总想着别人出钱，而自己一毛不拔，否则只会让自己的人际圈子越来越狭窄。

2.看淡金钱

俗话说："钱财乃身外之物，生不带来，死不带走。"在生活中，能够体会到幸福与快乐的是我们的内心，而不是金钱所带来的优越的物质生活。对金钱，我们要看淡，这样我们才不会被金钱所驱使，要学会成为金钱的主人，而不是金钱的奴隶。

在现实生活中，守财奴是被人鄙夷的，一个人要是太过吝啬就会受到人们的嘲弄和讽刺，太为金钱的流失而痛苦，这样的人只能一辈子抱着金钱生活。假如一个人十分吝啬，那可以肯定，他注定只能成为"孤家寡人"。

与其忍受削足适履的痛，不如果断放弃重新开始

经常有人说，既然世界无法改变，我们就要改变自己。的确，这样的人生态度是值得提倡的，毕竟很多客观存在的事情并不以我们的意志为转移，假如我们始终因为外界而自寻苦恼，则人生一定会为此黯然失色。大多数明智的人，都会选择改变自己以适应世界，需要注意的是，改变自己也是有限度的。假如我们无限度、无原则地改变自己，就变成了削足适履，也必然导致我们的人生受到局限和禁锢，无法取得长远的发展。

众所周知，每个人都是这个世界上独一无二的存在，这也就表明了每个人都有自己的个性特色，也有与众不同的潜能和特点。在面对人生的各种境遇时，我们虽然要主动求变，积极改变，但是不能改变自身的特色。举个最简单的例子，当你的鞋子变得不合脚，你是把自己的脚进行修改，还是为自己选择一双更合适的鞋子呢？看到这里，也许有的朋友会感到困惑，难免质疑：我到底是改变世界，还是改变自己？别急，这里的改变自己适应世界和削足适履其实是两码事，关键在于其中度的掌握。

在人生的旅途中，我们会欣赏到很多美妙的风景，也会遇到各种艰难险阻。在这种情况下，我们完全没有必要委屈自己，而应该寻找到最合适的方式实现自己的心愿，坚持自己的意愿，唯有如此我们才能拥有无怨无悔的人生。相反，对于外界那些不可改变的客观环境，如一座高山矗立在我们的面前，难道我们能执拗地要求高山为我们让路吗？当然不能。最重要的是我们可以翻山越岭，还可以在到达巅峰时欣赏一览众山小的美景，也可以选择绕道而行。这就是改变自己，以适应无法改变的客观世界，与我们寻找最合适的方式实现自己的心愿和人生目标，完全没有冲突，也并不相违背。

有人说，岁月是把杀猪刀，不但改变了人的容颜，也使人的心变得老成稳重，失去原本的活力。曾经仗剑走天涯的气势呢，曾经想要改变世界的豪情壮志呢？我们可以在岁月的刻刀下变得更加持重，却不要因为岁月的磨砺就失去初心。有些人之所以始终满怀激情，斗志昂扬，就是因为他们从未忘记心中的梦想，更不愿意削足适履地将就生活。

朋友们，假如觉得鞋子不合脚，就果断放弃旧鞋，为自己寻找一双舒适的新鞋吧。也许前期需要寻寻觅觅，甚至找到了也需要磨合，但是总比一直委屈自己的脚来得更好！只有一双舒适贴合脚部的鞋子，才能让我们在人生路上昂首阔步地前进，也才能使我们的人生少一些遗憾，多一些成功的喜悦和辉煌！

凡事皆有度，追求也是如此

人生，一定是要有追求的。没有追求的人生，就像是失去航向的船只，最终不知所踪。通常情况下，追求越明确，越容易对我们的人生起到指引的作用。然而，所有追求的目标都一定能实现吗？事实并非如此。大多数情况下，有些幸运的人能够实现自己所追求的目标，但是有些人虽然非常努力，却未必能够实现目标。古人云，天时地利人和。如果在客观条件不足的情况下，却一味不择手段地想要实现自己所追求的目标，就未免有些过于执着，也会使事情朝着糟糕的方向发展。

凡事皆有度，追求也是如此。当追求过度时，就不再对我们的人生起到积极正向的引导作用，而会导致正常的追求变成贪欲，反而事与愿违。现代社会物质极度丰富，很多人都喜欢与他人攀比。例如，同事家换大房子了，那么原本三口人住着三居室的你也要马上借钱换房；同事买车了，虽然你家距离单位步行不超过5分钟，但是车却是不能不买的；闺蜜买了一条名贵的项链，你怎么能光溜着脖子参加聚会呢，也必须去买一条……说起项链，我们未免想起莫泊桑笔下的《项链》，那串借来的项链给马蒂尔德原本平凡的一生带来了莫大的改变。这就是所谓的过度追求，给我们带来的负面影响。毫无疑问，人们追求更高品质的生活是没有任何错的，错就错在有些追求必须有止境，不能无限制地去纵容。过度追求不但会让我们变得贪婪，使我们陷入贪欲的深渊，也会导致我们因此而变得焦虑不安。试想，你的心里有一个永不满足的黑洞，让你总是觉得亏空，你又如何得到幸福和满足呢!

曾经，有个年轻人每天都郁郁寡欢，根本不知道如何才能获得快乐。为了让自己变得快乐起来，他不远千里找到智者，希望能够从智者这里找到获得快乐的方法。听到年轻人的描述之后，智者一语不发，而是起身去柴房里拿来一个破旧的背筐，指着远处的青山说："你去爬那座山吧，沿途如果看到有什么好的、值得拥有的东西，你就把它们放到背筐中。"年轻人虽然疑惑不解，但是却点头答应照做。他背着背筐一路往山上爬去，不管是看到奇形怪状的石头，还是看到鲜艳的野花，都毫不例外地把它们捡起来放到背筐中。就这样，年轻人越来越觉得沉重，原本轻松的步履也渐渐缓慢。

足足用了一个上午的时间，他才爬上不太高的山峰，却惊讶地发现智者早已在山顶上等他了。智者问："年轻人，有何感想吗？"年轻人想了想，回答道："原本还算轻松，但是背筐里的东西越来越多，我也感到越来越累。"智者笑了，说："是啊，这就是你为什么不快乐的原因。你不停地捡起那些你认为好的东西放到背筐里，但是你的体力却是有限的。如果你能丢掉一些东西，就又会觉得步履轻盈了。这就像人生一样。一个人在呱呱坠地时是无欲无求的，逐渐长大后，想要的东西越来越多，追求越来越多，捡了西瓜也不愿意丢掉芝麻，因而导致内心的负担也越来越重，如何还能笑得出来呢！”

年轻人疑惑地问：“那么，我应该怎么做才能再次变得轻松呢？”智者回答：“减少追求。人生中美好的东西实在太多，一个人不可能什么都得到。你只需要追求你最想要的，其他无关紧要的欣赏足矣，无须占有。”听了智者的话，年轻人恍然大悟。

追求是我们人生不断向前的动力，也是导致我们疲惫不堪的原因。因而，我们在追求很多事物的同时，必须仔细斟酌这些东西是否是我们真心想要的。如果我们盲目地追求一切美好的事物，而不根据自身的负重情况适当舍弃，我们的脚步必然越来越沉重迟缓，我们的人生也必然失去跳跃的能力。

人生总是这样，有舍有得，只有舍弃，才能得到。很多时候，我们迫不及待想要得到一切美好的事物，最终却发现这些事物并不完全符合我们的需要。为了这些并不是真正需要的东西而耗费有限的生命和精力，岂非得不偿失。如此想来，我们应该把有限的生命投入到真正的追求中去，才能拥有更加充实的生命。

过多的追求，不但分散我们的精力，耗费我们的生命，而且会给我们带来莫名其妙的焦虑。因为眼睛总是盯着远方的追求，我们往往忽略了身边的美好，从而变得浮躁，无法真正静下心来享受生活。当我们因为焦虑而辗转反侧、彻夜难眠时，不如放下不那么急迫的目标，欣赏路边的美景吧。哪怕只是一株野草或者一朵小花，也是竭尽全力地绽放。

第 04 章

舍得是一种策略，舍小利赢大利

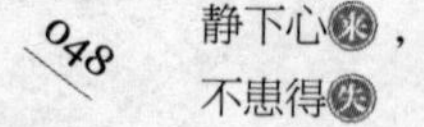

放弃眼前小利，赢得长久回报

有人说，人生就是在舍弃与得到不停地交错的过程。的确如此，只要活着，我们似乎每天都在不断地权衡，到底是舍弃，还是得到，才能让我们在人生中成为赢家。然而，机关算尽的人往往没有完满的人生，反倒是那些大智若愚的人，以吃亏为福气，反而能够得到更多的回报，这是命运的馈赠。

人生在世，可以计较的东西实在太多，假如我们始终都在为了身外之物而斤斤计较，人生必然会少了许多乐趣。其实，真正参透人生的人会知道，除了生死，人生根本没有什么事情是真正值得放在心上的。倘若能够想明白这一点，则那些小小的失去又算得了什么呢！还有人说，当上帝为你关闭一扇门，也必然会再为你打开一扇窗。整个世界都在以微妙的平衡存在着，我们唯有尊重这种平衡的规律和原则，才能与其他的人、事和谐共生，也能保持自身的平衡。

很多靠海吃海的渔民都会遵循流传至今的规则，例如把渔网的孔

洞编织得更大一些，这样一来那些不够大的小鱼就会成为漏网之鱼，继续回归到大海中成长。当捕捉到不够大的螃蟹或者其他海产品时，他们也会将其放回大海，从而维持生态平衡。这就是对自然的尊重。如若不然，就会涸泽而渔，导致大海里丰富的海产品渐渐枯竭，最终大海变得贫乏，所有人都无法再得到大海的馈赠。从这个角度来看，虽然渔民们舍弃了眼前的小利，但是却换取了长远的可持续性发展，正是为舍小利换取大利。

作为美国著名的环球供应商和分销商，通用塑料公司的规模很大，其服务范围也很广泛，涉及包装、器材、航空、建筑等各个领域。总体而言，通用塑料公司主要销售消耗性材料，按照常理来推断，他们一定愿意客户消耗得更快，这样客户才会更多地购买他们的产品。然而通用塑料公司却偏偏反其道而行，还专门派出技术支持小组奔赴位于各地的客户、工厂，尽心尽责地教授客户们如何有效减少消耗品的消耗。对于一个目光短浅的人而言，听到这个消息肯定会觉得难以置信，甚至嘲笑通用塑料公司自挖墙脚。事实却证明，通用塑料公司非但没有因此而导致销售量萎缩，反而在一年的时间里帮助客户节省生产成本高达六七千万美元，自身收益也提高了11个百分点。

毫无疑问，通用塑料公司具有长远发展的目光，所以才能主动舍弃小的利益，从而成功帮助客户节省成本，也帮助自身提高了利润点。实际上，每个企业在经营和发展的过程中都面临这样的问题，是选择盯着眼前小小的利益舍不得放弃；还是选择放长线钓大鱼，从而为自己赢得长远利益，这是企业的抉择之道。

在商场上，很多成功人士都深谙此道，也都以此作为立足和经营之本。也正因为如此，他们才能在激烈的竞争中获得成功，才能为自己赢得长远发展。不得不说，但凡能够舍小利而换取大的利益和长远利益的人，都是真正深谋远虑的人，都是具有长远目光和真知灼见的人。不管时代如何发展，作为经营之本的道理不会改变。不管人世如何变迁，我们立足人世的原则和底线不应该改变。人生正如月亮有阴晴圆缺，只有在得意时不骄纵，失意时不绝望，才能驾驭人生，畅享人生。

只有舍弃了，才会有新的开始

我们都知道，得与失是一个对立面，希望得到而害怕失去，这是人们常有的心态。然而，“人生充满得失”。世事难料，因为任何事情都有一个变化发展的过程，此刻你不如意并不代表你一生不幸，此时你满面春风并不代表你一生顺利。因此，我们应该学会舍得。舍

得，并不意味着失去，因为你舍弃的时候，其实也是你得到的时候，如果你想在某个领域取得成就，你就必须舍去一些玩乐的时间；如果你想拥抱大自然，就必须舍去舒服的办公椅；如果你想获得一份真诚的爱，你就必须舍去自私。我们先来看看下面的小故事：

大概每天的傍晚时间，纽约市的中心公园总会飞驰过一辆豪华轿车。当然，车里坐的不仅仅是司机，还有一位纽约市无人不晓的富翁。富翁是个细心的人，他注意到，在这座公园的角落里，有个乞丐，他的眼神从来没有离开过自己住的豪华酒店。

这天，富翁闲来无事，想到了这个乞丐，他便下了车，来到这个乞丐面前。

“请问，你为什么每天都会盯着我住的酒店看呢？”富翁很有礼貌地问。

“先生，我在想，要是我能住在这样的酒店该有多好。”

富翁对他的梦想很有兴趣，他说：“今晚你一定能如愿以偿。我将为你在旅馆租一间最好的房间，并付一月房费。”

过了几天，富翁敲响这个乞丐所住房间的门，想看看乞丐住得是否满意。但谁知道，乞丐已经离开了，他朝窗外看了看，乞丐已经回到了公园的长椅上。

富翁径直走到公园，想问问乞丐为什么这么做，乞丐回答说：

“原先我睡在公园长椅上时，我夜里做梦，会梦见自己住在豪华酒店里，这样的梦太美了。而当我真正住在豪华酒店里时，我的梦却反了，我梦到的是自己睡在公园长椅上，忍受着寒冷的侵袭。这太可怕了，我根本睡不好。”

是啊，每一种生活都有它的得与失，正如俗话所说：“醒着有得有失，睡下有失有得。”所以，我们不但应该正视人生的得失，还应该看清楚舍与得之间的关系，人们常说“有舍就有得”，舍去的，就不要过分执着，也许，下一刻，将会有另外一份惊喜等着你。

在我们的生活中，不少人也将“舍得”的智慧运用到了商业、人际之中，因为他们深知“舍不得孩子套不着狼”的道理。的确，天下没有免费的午餐，我们若希望获得某种重要的东西，要么通过自己的努力得到，要么就用现在所拥有的去交换，关于后者，就需要我们做到舍得。因为鱼与熊掌不可兼得，而智慧的人多半会权衡利弊得失，最终做出正确的选择。

俗话说：“先做朋友后做生意。”为了做成大生意，我们有必要在做生意前先为对方付出，甚至应当适当舍弃一些利益。例如，在你的客户生日那天，不但应送上祝福，还应通过赠送一些小礼物来表达我们真诚的谢意和良好的祝愿，这样就能进一步增进与客户间的感情，建立更加亲密的关系。

懂得了有“舍”就会有“得”，但不要忽视了“舍得”的真正要义，舍并不是轻易地放弃；而是在前方已经无路可走的情况下果断地回头，这是一种做人做事的智慧。

的确，真正的强者，该舍弃的时候会放下。只有舍弃了，才会有新的开始，才会有更多获得成功的机会，有些无谓的坚持是没有任何意义的。但这并不是说我们要随意丢弃。

总之，我们应该理解舍得的真正含义，为人做事，要择善而行，尽自己最大的努力，在无路可走的情况下，要学会悬崖勒马、果断舍弃，才能找到新的出口，才能拥有收获满满的人生！

心胸狭隘，容不得损失的人难成大事

在生活中，老人常常说：“做事之前就要想到后面四步。”其实，向前每走一步，我们都需要相应对的方法，如果不能看得那么远，至少我们需要看见一步。做事情，需要稳当、周全，而且，不要急于求成，不能只顾眼前利益。一个成大事的人，眼光总是比身边的人看得稍远一点，他不着眼于眼前的利益，而是看得更远。许多人之所以会不断失败，那是因为他只看到了眼前的利益，做事不彻底，甚至做到离成功尚差一步却停止不做了。自然，他们也就与成功失之交臂了。

在做每一件事情时需要有长远的眼光，不计较眼前的利益，而关注长远的根本利益，宁愿舍小利而保大局。但是，在现实生活中，偏偏有的人鼠目寸光，吃不得眼前亏，心胸狭隘，容不得一点损失，最终，他们难以成就大事。

最近，公司打算提拔一批年轻人进入管理层，对此，作为公司年轻有为的小李兴奋不已。机会终于来了，煎熬的日子总算是过去了。小李其实在很久以前就在等待这个机会，他不为任何职位所动，就等待着这一天。

原来，早在6个月以前，公司就进行了部门内部的人事调整，当时，刚刚进入公司不久的小李满怀兴奋，希望借此机会能够翻身。谁料想，整个部门十几个人为了部门经理这一个位置都报了名。小李当时就泄气了，自己还去不去争取呢？如果去争取吧，自己又是一个新人，估计成功率很小；如果不去争取吧，又怕错失了这个机会。

正在小李思考的时候，经理说道："年轻人，我挺欣赏你的，不过，这一次，我奉劝你还是静止不动，你去争取根本没有多大的胜算，首先，你的资历还不够，工作经验都没有，怎么有资格去争取；其次，你还年轻，后面的机会还多的是，以后我们公司还会进行大的

人事调动，到那时候，你已经羽翼渐丰，则可以赢得更好的职位。”小李听了，顿时觉得心中醒悟。

果然，经过了6个月的历练，小李在公司已小有名气，再凭着他在工作上优秀的表现，在这次人事变动中，小李轻轻松松就坐上了销售总监的位置。

在现实生活中，小到一个职员，大到一个公司，都需要有长远的打算，如果你只着眼于眼前的小恩小惠，那么，迟早有一天你将被利益所吞噬，同时职场生涯也会宣告结束。工作中，我们应将自己的眼光放得更长一些，不为眼前的利益所动，这样，我们的职场之路才会走得更远。

1.不计较得失

豁达乐观的人，他们并不把眼前的得失放在心上，他们坚信：只要拥有一份良好的心态，那些失去的会再回来，那些不想得到的会主动离开，所以，他们怡然自得，静静享受生活的美好。

2.着眼于长远利益

任何一件事情，都可以从眼前和长远来分析。很多时候，因为各种因素导致暂时看不到任何的收益，但只要等待一段时间，再回过头来看这件事其实是受益的。就好像做生意一样，刚开始一两个月可能会亏一点，但长久下去还是会盈利的。

在生活中，之所以需要我们放弃眼前的利益，是因为为了以后更长远的发展，寻找更长远的利益。学做一个有远见的人，这样，我们才会在人生之路上走得更远。

慷慨共享利益，生意越做越大

香港首富李嘉诚说，做生意首先要有“分享”的意识，有钱大家赚，利润大家分享，这样才有人愿意合作，生意才能做得足够大。“有钱大家赚”一直是李嘉诚经商不变的原则，而且他在利益共享方面非常慷慨，赢得了众多追随者，这使得李嘉诚很有人缘，生意也越做越大，越做越容易。

香港地区有个不成文的规定，董事长每年会从利润中拿出一定比例来奖励董事会成员，称之为“袍金”。而李嘉诚担任了十余家公司的董事长或董事，所得袍金基本达上千万港元。不过，他将所有的袍金都纳入长江实业的账目中，自己每年只是象征性地拿5000港元。就香港经济而言，5000港元远不及一名清洁工在20世纪80年代初期的年薪。李嘉诚对袍金的做法，成为香港商界的美谈。

假如一单生意只有自己赚，而对方一点不赚，那这样的生意李嘉诚是绝对不会做的。生意人应该利益均沾，这样才能保持长久的合作关系。反之，如果只顾着自己的利益，而无视对方的利益，只做一锤子买卖，那自己只会把生意做绝了。

不管是做人还是做生意，要舍得让利给对方，尽管目前看来好像是吃了点亏，不过从长远看并非吃亏。因为将利益让给别人，对方不但不会因为争利而与自己敌对，反而会生出很多感激之情，信任自己。毕竟，赢得别人的信任比什么都重要，而赢得同行的信任更加重要。当自己遭遇困难的时候，那些信任自己的同行在关键时刻会帮你一把，即便不能帮你，也不会落井下石。

1.不要过于抠门

作为一位理性的人，一定要具备长远的战略眼光，将精力集中在创造财富上，而不是守住财富上。假如与合伙人争小利，眼睛总是盯住眼前的利益，一方面会由于将精力耗在这种竞争而没有精力去创造财富，另一方面因为争小利还会伤了彼此的和气，容易树敌过多。

2.关注对方的利益

不管是做生意还是交际，本质就是合作，所以要时刻注意对方的利益和诉求，让对方拥有足够的回报空间。在任何一个行业中，假如能有两家公司，那这两家公司会保持比较好的合作关系，可以达到双赢的局面。

维持双赢是两方保持稳定合作的基础。这就需要双方的任何一方都要为对方着想，多考虑对方的利益。假如只是顾着自己的利益，而让对方少得到一些利益，这种关系必将走向破裂，受害的也是合作的双方。

别勉强自己，吃亏也要掌握方法

海塞说：“认为自己是一个怎么都会吃亏的特殊人，这样的人的痛苦是没有人知道的，没有人理解的，没有人同情的。”我们都知道“吃亏是福”，可是我们也要会吃亏，而不是一味勉强自己、委屈自己，也就是说吃亏是讲求方法的。

吃亏主要分为两种：主动吃亏和被动吃亏。“主动吃亏”是指你主动争取“吃亏”的机会，这种机会是指没有人愿意做的事、困难的事、报酬少的事。由于吃亏得不到现实的便宜，所以这种事情很少有人愿意掺和，面对这种情况你要懂得主动去接手，不计较当时的利益得失，这样下来你就会给人留下好的印象，大家都觉得你非常大气、做人真诚，是个可交的朋友，所以遇到好事也会首先想到你。最重要的是，你什么事都做，也可以磨炼你做事的能力和耐力，这样一来，

你懂得的比别人多，进步得也就比别人快，这是你的一种无形资产，别人绝对用钱买不到。“被动吃亏”是相对于“主动吃亏”而言的，很明显，它是一种不情愿的吃亏，只是不得不被安排去做一些事情。被动吃亏是没有底线的，小到个人的一分一毫，大到清政府的《马关条约》。也许你不太情愿，但形势如此，也只好用“吃亏就是占便宜”来自我宽慰。

现实中，我们都知道吃亏是福的道理，可如果我们一直被动地去吃亏，那我们吃的亏就会越来越多，使他人感觉你很懦弱。那么怎样吃亏才不会处于被动地位呢？很多时候需要我们主动地去吃亏，才可以扭转自己一直吃亏的状况。

刚刚来公司的时候，李海龙只是一个普普通通的小职员身份，可是经过几年的努力他已经成为老板身边的得力助手，成为分公司总经理。李海龙之所以取得如此大的成就，是因为他总是设法使自己多做一点工作。

记得刚来公司工作时，李海龙发现每天大家下班后，领导依旧会留在公司工作到很晚，于是李海龙也决定留在公司里。其实没有人要求李海龙留下加班的，只是他觉得自己也没什么其他要紧的事情做，希望留在公司一会儿，需要的时候也能帮领导分担一些工作。领导在工作时经常需查找文件和打印材料，这些工作虽然简单却很烦琐。于是，李海龙主动请示领导，表示自己可以协助做这些工作。

李海龙并没有多获得一分钱的报酬，可是他一天一天的无偿付出却让他得到了其他老员工都羡慕的收获。由于经常陪着领导加班，在一点一滴的接触中，领导看到了李海龙身上的潜质和良好的工作态度，两人逐渐熟悉，他也得到领导的赏识，所以领导才一次次提拔他。

只有多“主动吃亏”，才会少“被动吃亏”。话有点绕，可道理很简单：你抢先把“亏”吃了，别人也会不忍心辜负你。是的，在你“吃亏”的过程中，你收获了别人的认可，学到了更多的东西，那么我们何乐而不为呢?

无论是为人处世，还是在职场、商场，都要学会主动去“吃亏”，让人以小利，为获得大利埋下伏笔。吃亏是福，因为人都有趋利的本性，你吃点亏，让别人得利，就能最大限度调动别人的积极性，使你的事业兴旺发达。从整个人生来说，也是这样，年轻的时候多“主动吃亏”，年纪大的时候就会少“被动吃亏”。此外，你的“吃亏”让他人看到你的大度与谦让，你就会赢得更多的朋友，积累更广的人脉，朋友多了，你的路才会更加宽敞。

第 05 章

棒打出头鸟，头角之争易成众矢之的

不是最佳时机，那就保持沉默和隐忍

现实生活中，有些人就像是叽叽喳喳的麻雀，不管什么时候都絮絮叨叨说个没完没了，惹人厌烦。尤其是在得理的情况下，更是不愿意做出丝毫让步，一味地得理不饶人，最终从有理变成没理，而且因为唠叨失去了大家对他的支持。不得不说，这样的结果让人遗憾。

和这些人恰恰相反，有些人很喜欢保持沉默，哪怕他们占据道理，也不愿意得理不饶人，而是选择隐忍和宽容。不得不说，忍耐实际上是一种超强的能力，通常情况下能够忍耐的人都有着良好的自控能力。正如一位名人所说，每个人最大的敌人都是自己，而人们往往很难控制住自己的情绪，主宰自己的情绪。倘若一个人能够控制自己，那么这个人的内心一定无比强大。因此，真正能够做到沉默和隐忍的人，大多数都是人生的强者。他们并不因为不说话就表现得弱势，相反，他们因为宽容大度，也因为波澜不惊，得到了很多人的尊

重和认可。

西汉名相陈平从小家境贫困，因为失去父母，不得不与哥哥相依为命。后来哥哥成家立业，陈平因为尊从父亲的遗愿一心读书考取功名，从不下地劳动，最终惹得嫂子极为不满，恨不得把他赶出家门。尽管遭到嫂子的很多刻意刁难，陈平却从来不愿意把这些委屈告诉哥哥，因为他不想让哥嫂之间产生矛盾。不想，嫂子却越来越变本加厉，陈平无奈之下只得离家流浪。即便如此，他也从未在哥哥面前说嫂子任何不好的地方。

哥哥发现陈平离家，不顾一切追上陈平，将其带回家里。在哥哥一气之下要休了嫂子时，他想方设法打消哥哥休妻的念头。最终，乡里的邻居们得知陈平的宽容胸怀，全都对其敬佩不已。人们把陈平的所作作为美谈传诵，一传十，十传百，有个学问高深的老者主动收陈平为弟子，教授陈平学习知识。陈平学成之后，成为刘邦的左膀右臂，为刘邦的霸业做出了巨大的贡献。

典故中的陈平如果和嫂子针锋相对，那么不但哥嫂的家要散了，他也无法美名远扬。陈平正是因为宽容大度的胸襟而结下善缘，得到名师的点拨，成为刘邦的左膀右臂，最终辅佐刘邦成就霸业。

常言道，大丈夫能屈能伸，小不忍则乱大谋。这句话告诉我们，一个人只有忍得一时，甚至忍得一世，才能成就伟大的事业。古今中外那些成功人士，无一不是在艰难困境之中极具忍耐力的人。他们常常保持沉默，从不进行无谓的抱怨。因为他们很清楚，抱怨非但于事无补，反而还会让事情朝着相反的方向发展、恶化。与其如此，不如保持隐忍和沉默，积极地等待解决问题的最佳时机。

当然，需要注意的是，这里所说的隐忍并非指的是消极被动的忍耐，而是积极的忍耐，目的是在忍耐的过程中找到解决问题的最佳时机，找到解决问题的最好办法。这样一来，我们不但可以避免在仓促的情况下应对危急的情况，能够不断提升自己，积蓄力量，从而找准时机彻底、圆满地解决问题。

低调为人是成熟的标志，也是自保的策略

中国有句古话：“世事洞明皆学问，人情练达即文章。”这句话的意思是，对社会上的事都明白了，那就是学问；处理人情事故干练而通达，那就是文章。的确，人的一生无非是做人与处世，我们任何一个人，在离开学校以后，都应该褪去身上的学生气，都要摒弃孩提时代的无知，增添一些世态心，毕竟社会是个复杂的大课堂，自有它的原则，这是你学校课堂上永远学不到的东西。如果你毫无“城

府”，贸然冲撞，就会处处碰壁。适应这种规则并掌握这种规则，是左右你人生的大学问，比理论知识更重要也更实际。

小娟毕业不久，就找了一份很让同学羡慕的工作，成为人们常常羡慕的白领一族，于是，小娟总是开心地、努力地工作着，但她不明白的是，为什么自己越来越受冷落呢？原来，事情就坏在她的一张嘴上。

小娟因为个性活泼，在刚进公司的那一段时间，她一度成为办公室的“开心果”。不过，她不假思索的讲话方式逐渐令人生厌。

有一次，她看到前辈张姐穿了一条漂亮的裙子进门，立即开始赞叹起来：“张姐，你的裙子好漂亮哟！”她一看，这是条名牌裙子，就顺便再多说一句，“这条裙子至少要1000多元吧？你还真有钱！”本来笑容满面的张姐，表情顿时添了一份尴尬。

月底，又要发奖金了，会计不小心让小娟看到了王小姐的工资条。小娟立即在办公室宣扬起来：“小王啊，你真是有能耐，我们同时进公司的，你的奖金怎么这么多，一万多块，恭喜呀！”公司对每个人的奖金是保密的，经小娟这么一“恭喜”，王小姐有了一丝不悦。

类似这样的事情很多，久而久之，大家都不敢和小娟多说话了，大家也议论开了：“小娟很开朗，就是喜欢什么都拿出来说。”“还是太小了，不懂事。”“不是不懂事，是修养问题呀！”

渐渐地，小娟也不怎么开心了，因为她明显地发现，大家好像不怎么喜欢自己了，自己讲话时，办公室听众少了，就连讲笑话接茬儿的人都没有了。

祸不单行，最近小娟又惹到上司了：因为公司业务上升，她对加班有了一些不满：“老板怎么这么小气，不给我们加班工资？”结果这话很快传进老板耳朵里，她被叫去问话：“听说不给你加班费，你就要罢工了？”

担心被开除，小娟连连认错，不过她心里不服，自己哪有要罢工，只不过心直口快而已。

事实上，小娟的确没有做错什么，只是，她忘记了，作为职场新秀，必须得懂得人情世故，尤其是说话，什么话不能抢着说，要想着说，办公室交流是必要的，不过一些大家忌讳的东西最好少说为妙。她的心直口快，刚开始大家能忍受，但没有人希望成为她的话柄，于是，“惹不起躲得起”，小娟就被孤立了。

可见，为了更好地立于世，我们都有必要学习如何为人处世。除了要管住自己的嘴巴外，我们还需要低调为人。低调做人是人成熟的标志，是保护自己的一种策略，也是为人处世的一种基本素质，我们应该像向日葵一样，在成长的过程中，镶嵌着金黄色的花瓣，高昂着头，但一旦籽粒饱满，它便会低下沉甸甸的头，因为它成熟了、充实了。

因此，我们要记住这一处世原则：不要让自己成为众矢之的。

古人云：“良贾深藏才若虚，君子盛德貌若愚。”这句话的意思就是：聪明的商人总是隐藏其宝物，君子品德高尚而外貌却显得愚笨。这就是一种低调，低调做人是非常值得赞赏的一种品格。

在我们的生活中，有一些人“才高八斗”，但自恃才高、居功自傲，结果引来别人的排挤，于是，哀叹“世态炎凉”“时运不济”，其实，他们更应该思考的是，自己在做人方面是不是有什么失误。要想获得友谊，赢得良好的人际关系，就要平和待人，切不可自以为是；要想赢得成功，就更要学会低调做人。在这个错综复杂、五彩缤纷的世界上，不同的人有不同的命运，有的人一生乐观豁达、与世无争，他们谦虚好学、平步青云、一路欢乐，让人赞扬和钦佩；而有的人则骄傲自满、处处受阻，最终导致郁郁寡欢，碌碌无为，抱恨终生，遭人非议、鄙视、唾弃。很明显，我们都愿意选择前者，其实，这两种人生境遇的差异，究其原因，是为人“调”不同，低调做人是一种生存的大智慧，是一种韧性的技巧，是做人的一种美德。

总之，我们每个人都应记住，任何一个人都应该学习一些为人处世之道，人生的路很长，只有稳健地走，才会走得长远，才会最终达到梦想中的那个目标！

适当谦让，是寻求安宁的有效方式

“忍一时风平浪静，退一步海阔天空。”在与人交往的过程中，如果能够学会退让，懂得适时适度地糊涂一点，那么不仅不会使彼此的矛盾激化，还会赢得他人的尊重和认可。所以，做人要糊涂一些，只知道前进不知道让步的人有勇往直前的干劲，但不成熟。

隋炀帝大业十一年（615年），李渊被诏封为太原留守，奉命讨捕一群盗寇。他上任后没多久，北边的突厥又率领数万兵马来袭击太原，想要一举夺取太原城池。李渊便派自己的爱将王康达出战，当时他手上的兵马不多，所以他只能拨千余兵马给王康达，没想到交战没多久，就几乎全军覆灭，只有王康达一个狼狈逃回军营。

后来，李渊巧使疑兵之计才勉强吓跑了突厥兵。更让人生气的是，在突厥的支持和庇护下，郭子和、薛举等人趁着战乱，纷纷起兵闹事。这让李渊防不胜防，因为他随时都有被隋炀帝借口失责而杀头的危险。

为此，人们都以为李渊怀着刻骨仇恨，一定会与突厥决一死战。可没想到的是，李渊竟派遣谋士刘文静为特使，向突厥屈节称臣，并把所有的金银珠宝都送给了始毕可汗，以表达自己的投诚之心。李渊这种屈节让步的行为，让他的儿子们都深感耻辱。

然而，李渊在周围人的指责之下，依然能够做到“众人皆醉我独醒”。因为他知道，虽然屈节让步的确有点丢人，但对于他这种好玩弄政治手段的人又算得了什么。原来李渊根据天下大势，早已决定起兵反隋。而要想起兵成大气候，太原虽算得上是一个军事重镇，但却不是一个理想的发家基地。他必须西入关中，才能够号令天下。而太原又是李唐大军万万不可丢失的根据地。他要用什么办法才能保住太原并顺利西进呢?

当时，李渊手下的兵将不过三四万人马，既想要屯驻太原，应付突厥的随时出没，又要追剿有突厥撑腰的四周盗寇，真可谓难上加难。为此，他才采取和亲政策，让突厥“坐受宝货”。

果然不出李渊所料，唯利是图的始毕可汗真的答应与李渊重归于好。由于李渊的举动让突厥人觉得他是甘心让步，始毕可汗还送给李渊不少马匹及士兵。于是，李渊又乘机购来更多马匹。没过多久，他就拥有了一支战斗力极强的骑兵。他不仅在关中站稳了脚跟，还拥有了辽阔的根据地。

留一步，让三分，是一种谨慎的处世方法，适当谦让不仅不会招致危险，反而是寻求安宁的有效方式。个人生活中，除了原则问题必须坚持，对于小事，对于个人利益，谦让一定会带来身心的愉快以及和谐的人际关系。有时，这种“退”即是“进”，“予”即是“得”。

懂得退让并不是说没有自己的原则，退让也是有所讲究的。那么你知道怎么做一个谦让有礼的人吗？以下几点大家可以参考：

1.头脑清醒，懂得低头

不管在什么时候，我们都要保持清醒的头脑，在世事的曲折变化中，及时调整策略，懂得低头退让。因为，真正的强者必定不会是一个只懂逞强的人，而一个懂得退让的人，其心里必然装着整个大局。

2.暂退一步，懂得伺机而动

回避锋芒，不直接对抗，能让你的心灵自在、祥和，矛盾也会在迂回曲折中得到妥善解决。一旦回避了锋芒，你就会发现事情原本可以很简单。识时务者为俊杰，当你处于矛盾的旋涡中时，当你处于矛盾的焦点时，你不妨暂退一步，再伺机逃脱。

3.保持住自己的底线和原则

有些事情可以退让，但是涉及原则的问题是不可以退让的，否则就失去了自己做人的底线。此外，对于那些不识抬举、咄咄逼人的

人，我们没必要一味妥协，因为他们并不懂得你的心意，对他们妥协就是对自己的不负责。

4.处事温和，善于引导对方

与人交谈的过程中，先不要急着去否定对方，应该尽量避免和人争辩，先以一种平和从容的姿态顺着对方的意思去说，然后慢慢地引导对方了解自己的错误。只有这样，才不会激化矛盾，把小事弄大。善于说话的人都是善于引导对方、懂得化解矛盾的人。

在进退两难的时候，懂得退让，换一种思维方式考虑问题，这未尝不是一种解决问题的有效途径。在走不通的地方，要知道退让一步、让人先行的道理；在走得过去的地方，也一定要给予人家三分的便利，这样才能逢凶化吉、一帆风顺。

管好嘴巴，口舌之争易招致祸端

现代社会，人们的生活和工作学习的速度越来越快，人们凡事都追求高效率，也就是“快”。但并不是事事都要求快，例如说话，不经思考说出的话小则可能导致听者的不快，大则招致祸端，逞一时口舌之快，可能让你后悔无穷。

年轻人，现在的你正是积累人脉、拓展社会关系的年纪，此时的你与人交往，一定要谨言慎行，不要给人留下一个稚气未脱、不懂事甚至是缺乏教养的印象，说话前一定要考虑你说出话后可能带来的影响。的确，人与人之间因为语言产生的误会是一种小摩擦，也有一些人对这些鸡毛蒜皮的小事心胸宽广，但毕竟这是少数。人际关系毕竟是互相的，当你由于逞一时口舌之快，说了带情绪的话，伤害了对方的自尊心，对方被伤害后，自然也会采取措施来报复你的莽撞，即使对方当场不表现出来，你也已经树敌了。总之，不要把口水仗打得如火如荼，不要引起别人记恨，酿成祸端。

小王是一家外企的人事部经理，负责人事招聘工作，在职场多年的他，却还是管不住自己的嘴巴，有一次，便得罪了一个应聘者，让自己下不来台。

该应聘者是伯明翰大学留学归国的，但没具体说哪所学院，小王居然脱口而出一句让人大感不恭的话："国外的大学有一流的也有末流的。"这意思不就是怀疑那人有点儿徒有虚名吗！这话让那名应聘者逮个正着，非让他说出伯明翰到底哪所学院是末流的。

实际上，小王也知道，伯明翰大学虽然有不同的学院，水平也不一，但还不至于有哪个学院是末流的，他的话其实是逞一时口舌之快说出来的，并没有什么实际意义。僵持到最后，那个应聘者也豁出去

了，非得与小王争个高下，最后，小王不得不向人家赔礼道歉。

小王这是自找麻烦，一句无心的话被人抓住了把柄，结果弄得自己很尴尬，可见“逞一时口舌之快必后悔”“言多必失”的道理。

其实，那些直言直说的人并没有什么坏心眼，多半是心浮气躁、又习惯指责他人的人，这一点在年轻人身上似乎更为明显，他们做事冲动，说话不经过大脑，想到什么说什么，似乎在他们的心里根本就没有“忍”字可言，尤其是当他们心中不悦的时候，见事骂事、见人骂人，为的是排遣胸中的忧烦。可是，他们根本没有想到，当自己将某些话脱口而出后，自己的情绪是宣泄了，而听者的感受如何呢？“说者无心，听者有意”，你的无心之话可能就引起了对方心中的不快。

相反，那些懂得说话技巧的人，却善于察言观色，绝不会逞口舌之快，伤害对方的自尊。但这种功夫，说来容易，做起来可真不简单。就连帮助刘邦建立汉朝的韩信也不例外。

与上司相处，要时刻谨记对方是上司，你是下属，要管住自己的嘴巴，凡事多个心眼儿，拿捏好与他的距离，既不能拒之千里，也不可“紧紧追随”。工作中心情不悦时，也使不得小性子，更耍不得脾气。如果和上司之间产生了矛盾，一定要尽可能地克制住自己，切莫逞一时的口舌之快，不然，你就只有另谋高就了。

一句话能使人笑，一句话也能使人跳。总之，说话做事一定要三思而后行，在你要说出心头的话以前，先想一想：这话可是真的？这话厚道吗？在确定不会伤害他人再说出口，才能起到一言九鼎的作用，你也才能受到别人的尊重和获得别人的认可。千万不可逞一时之快，而给自己带来潜在的人际关系危机！

初入社会，锋芒毕露更容易被打压

古人云："鹤立鸡群，可谓超然无侣矣，然进而观于大海之鹏，则渺然自小，又进而求之九霄之凤，则巍乎莫及。"身处职场，我们每个人都要懂得"山外有山，人外有人"，你的那点小本事也许在那些真正的高手面前只不过是小把戏，班门弄斧只会让人笑话，因此，切不可太过嚣张、太有气焰。

约翰是个很勤奋的小伙子，在获得企业管理的硕士学位后，他就在一家国际性的化学公司工作。因为学历相当，刚进公司，他就被安排在了管理层的职位上，这令很多人不满意，尤其是那些和他年纪相当的小伙子，因为他们还在基层摸打滚爬，为了服众，约翰请求也从基层做起，这令上司很欣赏。

但约翰并不聪明，甚至是笨拙的，在很多业务问题上，他总是做得很慢。为此，他的上司也开始为他着急：“抓紧点，约翰，动作快一些！”

然而，约翰的速度似乎还是那么慢条斯理，永远都不着急。看到约翰蜗牛般的速度，人们开始不满，并用各种语言嘲笑他：“如果约翰去当邮递员的话，那么，我们永远别指望收到东西了。”

即使他们这样说，约翰也没有生气，也没有说任何话，而还是按照自己的进度工作、学习。

半年后，公司决定举行一场专业知识和业务能力考试，而第一名将会被选拔为公司储备干部。令大家奇怪的是，平时少言寡语、工作速度缓慢的约翰却一举夺得了第一名，此时，他们才明白做得快并不等于成功。

故事中的约翰是个争气的职场新人，他做事慢条斯理、不缓不慢，看似愚笨，甚至被对手嘲笑，但他并不生气，也不与之辩驳，而是拿行动来证明自己才是最优秀的，这是值得每个职场人学习的。

忍耐对于每个新人来说都是至关重要的，这是一个痛苦的过程，但只要经过这个阶段，就能“守得云开见月明”，就会熟练地掌握到当前从事工种的操作技能， 提升一些为人处世的能力，磨炼百折不挠的的意志，这也是最重要的。

因此，作为一名职场新人，你一定要记住：

1.安全最重要

人们总认为，人生的竞技场好似一个走秀场，谁走得漂亮，谁就赢了，实际上，并不是如此，它是一个斗兽场，真正生存下来的才是最终的赢家。正因为如此，你就不能如在走秀场里一样尽情展现自我，而应该懂得隐忍，凡事安全第一，别凡事都第一个冲出去。有时候，不表现比表现更好，不动比动更佳。

正所谓静若处子，动若脱兔，无利蛰伏，有利起早，这才是上上之策。

2.不要轻易暴露自己的缺陷，也不要轻易显摆自己的聪明

你在做事时第一任务是藏好自己的缺陷，不让缺点暴露，即使事情做不好，也不会坏在自己的手中。

同时，让所有人都见识自己的聪明，并没有太大的好处。从老板的角度看，聪明不代表有能力；对上司而言，聪明代表着难管；而对同事而言，聪明代表着压力。

任何人才的成长都是需要一个过程，新人也需要一个不断学习的机会。因此，从新人自身角度考虑，初入职场的你，一定要明白自己所处的位置，凡事低调，切不可锋芒太露。诚然，职场竞争十分激烈。然而，在渴望“出人头地”的同时，一定要记住一点，职场里最

忌的就是嚣张，“枪打出头鸟”更是古人对我们的忠告，本来这只“出头鸟”勇于表现，在能力上并不低于他人，但很多时候，他却成为“出风头”的牺牲品，因为他不懂得把握火候。

可能，有些喜欢意气用事的人会说，不表现自己，怎么会受到上司的赏识呢？不能错过机遇。但你考虑没有，你能保证自己可以万无一失地解决问题吗？另外，你的锋芒毕露也会让你树敌无数，让你身边危机四伏，让你失去本应属于你的机遇。“枪打出头鸟”说的就是这个道理。

当然，这并不是要身处职场的你做事畏首畏尾，不敢放手施展抱负。只是凡事都该有个“度”，低调做人，高调做事，张扬与内敛之间，就看你如何把握！

总之，在这个复杂的社会生活中，职场竞争日益激烈，作为职场新人，我们除了要懂得洞察他人的内心，更要懂得把握好藏与露的尺度，只有藏好自己，才不会轻易被人看穿，这样，即使对方想对我们“下手”，也会有所顾忌。

隐藏实力能够保护自己，不被误伤

现代社会，人才济济，人与人之间的竞争异常激烈。每个人都想得到他人的认可，从而每个人都不遗余力地展示自己的实力。尤其是在职场上，作为刚刚毕业的大学生，职场的新进职员，更是迫不及待地要表现自己，从而得到他人的认可与肯定，为自己的未来做好铺垫。这种做法原本无可厚非，但是如果因为锋芒毕露，不分青红皂白地就得罪了人，那么我们的发展只怕非但不顺利，反而还会遭遇到重重阻碍。所以朋友们，作为职场新人，千万不要因为急于求成，就不顾一切地展示自己的实力。要知道，有人的地方就有江湖，尤其是新进一家公司时，先要潜伏下来，了解公司的人际情况之后，再根据情况选择是表现实力，还是夹起尾巴做人。不得不说，很多时候，隐藏自己的实力是非常明智的行为，至少这样能够有效保护我们自身，不被他人误伤。

毕业于名牌大学的李林，如愿以偿地找到一份好工作，进入一家国企当技术人员。要知道，国企不但福利待遇好，而且工作稳定，是很多年轻人都梦寐以求的啊。为此，李林一进入公司就努力表现，因为他此前曾经听人说，国企里一个萝卜一个坑，必须好好表现，才能在适当的时候得到提拔。如果错过机会，又不知道要等待好几年呢。

这一天，在开会的时候，领导安排了一个很有技术难度的项目，对此，那些老职员都面面相觑，既然工资一样多，谁也不愿意额外承担风险。说白了，就是干好了没有功劳，但是干不好，却有可能遭到埋怨。这时，李林突然自告奋勇："我来吧，我年轻，需要这样的机会多多历练。"这时候，原本面面相觑的老员工都开始撇嘴，他们不知道这个年轻人到底有几把刷子，对于老员工都不敢接手的项目，他居然主动请缨。

其实，李林对于成功完成项目并没有把握，不过他看到领导说话无人应答，因此很想为领导解围。然而，一个月过去了，当领导询问李林项目进展时，李林并没有拿出有效的工作成果，为此，他还被领导狠狠地批评了一顿。这时，那些老职员全都在心里乐开了花，因为他们对这个出头的新人很不满。又过了一个月，李林因为项目完成得不好，不得不向领导求助。领导把李林的烂尾项目安排给一个老职员，老职员到底经验丰富，很快就在李林的工作基础上圆满完成任务，得到了领导的赞赏。

其实，很多领导都深谙领导的艺术。在这个项目中，领导之所以同意把这么难的项目交给毛头小伙子负责，也是想要好好磨炼李林。等到李林把大部分工作都做完，再安排给老员工，老员工当然求之不得，因为这可是摘桃子的好事情啊。如此一来，领导既可以拿李林开刀，杀鸡给猴看，以批评李林的方式警示其他老员工，又可以卖个顺水人情，拉拢承接李林烂尾项目的老员工的心，可谓皆大欢喜。

其实，不管是对于刚刚大学毕业的职场新人，还是对于经验丰富又跳槽到新公司的职场老人而言，在进入新公司，置身于新的工作环境中时，一定要低调内敛，从而有效保护自己，避免被当成出头鸟，遭到枪打。实际上，上司对很多职场新人都是比较宽容的，毕竟到了新的环境面对新的工作，每个新人都需要一段时间适应。在此期间，我们也正好可以韬光养晦，从而更好地观察工作环境，这对于我们未来的职业发展是完全有利的。

很多时候，着急不一定能出成果。尤其是对于很多充满豪情壮志的年轻人而言，与其把自己当成救世主，不如以谦虚的心态多多向经验丰富的老员工请教、学习，这样不仅能够给他人留下良好的印象，也能够让我们留下杀手锏，等到时机成熟时再表现出来，反而事半功倍。

第 06 章

别让情绪左右你，冲动之争往往得不偿失

学会做一个智者，克制住内心的愤怒

我们知道，人非草木孰能无情，我们都是有情绪的动物，我们的心情常常被周围的一些人和事影响，有些人甚至是情绪化的，他们的情绪似乎总是不受自己控制，于是，他们起伏于这种恶性失衡之中，常常陷入自相矛盾的境地，失去了正确的判断力。而那些成功者则能做到自控，无论外界怎么变幻，他们总是能以理智的心态面对，他们有着很强的自律能力。也许现在的你年轻气盛，容易冲动，但请记住：冲动是魔鬼，会让自己一败涂地，从现在起，一定要做到自制，理智思考并克制自己的情绪。

一位研究情绪的心理学家曾这样告诉人们："生气是一种最具破坏性的情绪，它所给人们带来的负面情绪可能远远超过我们的想象。"一个人在生气时，他的所作所为都是没有经过大脑思考的，处处沾染上冲动的痕迹，虽然，怒气在发泄的那一瞬间是顺畅的，但是，却需要我们为自己的冲动买单。所以，学会做一个智者，克制住

内心的愤怒，不要生气，千万不要因为生气而说出愚蠢的话，做出愚蠢的行为。

的确，生活中，难免会遇上各种各样的事情，一遇到事情的时候可能我们都会冲动，而做一些自己都不知道该不该做的事情，因此也就会产生许许多多的埋怨。不管遇到什么事情，如果能冷静地思考一下，那怕只是短短的几秒钟，也许结果完全不一样了！

为此，当你心有不快，想要通过发火的方式来发泄时，你可以通过语言的暗示作用来调整自己，以使自己的不快得到缓解。达尔文说过："人要是发脾气就等于在人类进步的阶梯上倒退了一步。愤怒是以愚蠢开始，以后悔告终。"例如，你的朋友做了伤害你的事，你很想找他理论，并将他骂一顿，那么，此时，为了不让事情产生严重的后果，你在冲动前可以告诉自己："千万别做蠢事，发怒是无能的表现。发怒既伤自己，又伤别人，还于事无补。"在这样的一番提醒下，相信你的心情会平复很多。

当然，我们除了要控制自己的情绪外，还要调整自己的心态。

米勒先生在刚开始创业的时候，竞争非常激烈，许多公司不断地压低价格以扩大销量。那时候，米勒先生还十分年轻，心想："事到如今，只有和他们拼了，这样才不会输给同行业。"行动之前，米勒跑去与自己的师父磋商，听了米勒的决定之后，师父说："如果公司只有你一个人，你大可以这样做。但是你有那么多的下属，他们又都有家眷，身为公司的负责人，竟然要图一时之快，逞一时之强，这样不就连累了你的下属吗？”

米勒听了之后，觉得这话说得很有道理。经过再三考虑，米勒决定放弃和别的公司竞相压价的想法。果不其然，没过多久，压价销售的公司因无利可赚又大幅抬价，而米勒公司因价格稳定反而吸引了许多顾客、也因为如此，米勒最终获得现在的成功。

“冲动是魔鬼”，这话说得很深刻。在生活中，由于血性所导致，人往往在诸多事情上咽不下一口气，总是图一时之快，逞一时之勇，以致于事后后悔不已：“我这是何苦呢？”实际上，不图一时之快，才能等到真正可以带来成功的机会，反之，图一时之快则会酿成终生苦果。

在生活中，我们不要图一时之快，有时候，虽然我们看到前方貌似是绝路，但生活就是变幻莫测的，人生的希望往往是在转角处。既然生活本来就是一个圆，我们又何必执着于一时呢？图一时之快的人永远不会成功，他们最终只会自食其果，而且是难以咽下的苦果。只有当我们懂得变通的时候，才可能在人生的道路上无往不利，走出顺畅的人生之路。

可见，人生漫漫，我们不能让自己输在心态上，心态决定人生，

也决定了人的生活方式，懂得自制，能控制自己的情绪，就会控制由冲动带来的一系列恶性情绪反应循环。一旦拥有良好的心态和情绪，就会用心做好身边的每一件事。生活中许多人总是把活得太累、活得太烦的原因归咎于外界，却不懂得控制心态才是解决问题的关键。以何种心态去面对世事，完全在于你自己，你完全可以选择和主宰你的心情。同样的处境、同样的事情，你以淡定的态度去对待，就会感到轻松自如；你用烦躁易怒的态度去对待，就如同掉入黑暗的深渊。

无须争论，别人的说法不要太在意

我们不难发现，那些真正的成功者多半都是特立独行的，他们从不奢求让所有人喜欢他们，在他们追求成功的道路上，他们也听到了一些他人的闲言碎语，但他们始终坚持做自己，坚持自己的信念，最终，他们成功了。因此，生活中的我们也要明白一个道理：让所有人都喜欢我们是很不成熟的想法，不必委曲求全，做好自己，你才能获得快乐。

把事情做好的方法有很多，但首要的一条就是“不要试图把所有的事情都做好”；处理人际关系的准则也有很多，但最重要的一条是

“不要试图让所有人都喜欢你”。因为这不可能，也没必要。

美国前任国务卿鲍威尔这样总结自己的为人处世之道，与两千年前的孔子有异曲同工之妙：“你不可能同时得到所有人的喜欢。”

有人问孔子：“听说某人住在某地，他的邻里乡亲全都很喜欢他，你觉得这个人怎么样？”

孔子答道：“这样固然很难得，但是在我看来，如果能让所有有德操的人都喜欢他，让所有道德低下的人都讨厌他，那才是真正的君子呢。”

世界上确实有不少人，你越是努力和他结交，努力给他帮忙，他越是不把你放在眼里。反之，如果你做出成绩了，又不狂妄自大，自然能赢得他人的敬重。

然而即使你做得再完美无缺，也没有招惹任何人，仍然会有人看不惯你，仍然会有很多不利于你的传言。对某些心胸比较狭隘的人来说，你不需要招惹他，你在某方面比他优秀，这就已经招惹他了。

要想打破他人的成见，我们最应该做的是做好自己，用实力给他们致命的一击。当然，如果一些偏见总是存在，你也不必烦恼，因为任何一件事都存在正反两方面的影响，就比如桌子上摆了半杯水，你不要只看到杯子有一半是空的，而应该看到它还有半杯水呢。别人批评你，有则改之，无则加勉，实在无须为此影响心境，如果有人对你

提出不满，发现了你的缺点，你应该虚心接受，然后改正；而如果是误会一场，可以找个合适的机会对其解释，实在无法解释，不妨敬而远之，不去理会。

人活于世，就难免会被人评论，其中当然也有一些是语言上的伤害，而其实，如果我们能迷糊一点，视而不见，那么，对方必当会因为我们的心胸宽广而心生惭愧，进而感念我们的宽容和大度，被我们的胸怀所折服。

其实，人生，只要不存在原则上的对立，就没必要引发战争，没必要引起硝烟，没必要对抗，更没必要老死不相往来。人生需要更多的智慧，人生也必须有智慧、有能力解决问题。不以消灭对方或简单暴力结束彼此的关系，可以给自己和冲突方最大的回旋余地，何乐而不为？例如，对待一个长舌妇，以牙还牙就失去了身份。一笑而过、沉默不语也未必不是一种很好的还击方法，必将使之气滞羞愧。

反过来一想，无论你怎么做人做事，总是有人欣赏你，让所有人喜欢是件不可能的事，想让所有人讨厌也不那么容易。你绝对不能因此而生气，更不能大动肝火，如果真这样，那么，你只能越描越黑，让他人产生很多无端的猜忌，另外，你也会因为这些空穴来风的话而大伤脑筋，其实，如果你能懂得放下的智慧，凡事不做过多的解释，那么，这便是最好的证据和回击的武器。

争一时之气，会伤了和气

在我们生活、工作中，总是有一些修养良好的人，他们对世间万事万物都能泰然处之，即使“兵临城下”，也不会愤怒，这并不是因为他们没有愤怒的情绪，而是因为他们更能权衡好不良情绪给自己和他人带来的不利影响，因此，他们通常会在最快的时间内找到怒火之源，并将其彻底消灭，而这样的人也能得到他人的认可，因为他不会让自己的负面情绪伤害到身边的人。同时，他也就成就了自己美好的修养和品质。

马克·吐温说：“世界上最奇怪的事情是，小小的烦恼，只要一开头，就会渐渐地变成比原来厉害无数倍的烦恼。”而对于智者来说，在烦恼面前，他们不会愤怒，因为他们深知，愤怒是十分愚蠢的行为，只会让自己陷入糟糕的情绪循环之中。

愤怒是一种大众化的情绪——无论男女老少，愤怒这种不良情绪都在毒害着他们的生活。因此，不管在家里，还是在工作中，甚至在与你亲密的人相处的过程中，都需要进行愤怒情绪的调节，从而浇灭愤怒的火焰。所以，我们任何人都应把控制自己的情绪、抑制自己的愤怒作为修炼自己良好性格的重要方法。当你遇到了不快的事情即将发火时，请告诉自己：如果我原谅他了，我的品格又提升了一步。自然就压制住了要发火的倾向。

我们工作与生活的世界本身就是个有条不紊、有规律运行的有机体，只要正常运转，一切都会秩序井然、按部就班。就像一台计算机、一架飞机、一台机器，如果操作正常，控制良好，就能发挥它们的正常作用。人的情绪也如同一架机器一样，一旦失控，就不能正常运转，最终导致人们陷入失败的沼泽。

聪明人深知，即使生气了也挽回不了什么，只会徒增许多怨气，于是，他们选择了不生气；愚蠢的人，他们总是看到事情的表面，凡事喜欢生气，总认为生气是自己的专利，殊不知，时间久了，生气成为自己的本性。你是愿意做一个聪明人，还是做愚蠢的人呢？

英国著名作家培根曾经这样说过：“愤怒，就像是地雷，碰到任何东西都一同毁灭。”如果你不注意培养自己忍耐、心平气和的性情，一旦遇到导火线就暴跳如雷，情绪失控，就会把你的人缘全都炸毁。

在生活中，那些生气所带来的恶劣情绪会挑拨起内心的冲动，冲动的结果将会令我们更加生气。这样一来，情绪就会形成一种恶性循环，从此一发不可收拾。若是远离了生气，抑制了内心的愤怒情绪，我们就会达到开心的彼岸。

总之，生气的情绪犹如一颗定时炸弹，将严重影响我们的正常生活，使生活失去了原本平和的美丽。所以，我们需要告诉自己“发火前长吁三口气”，事实上，很多事情都没有想象的那么严重。如果不学着控制自己的情绪，任着性子大发脾气，不仅解决不了问题，还会伤了和气。

按捺住自己的脾气，着急发作易酿误会

坏脾气的坏处不胜枚举，其中，使好事变坏事无疑是最使人沮丧的一条。假如没有控制好坏脾气，原本的好事就真的会朝着坏事的方向发展，甚至使事情达到无可挽回的地步。如此一来，可想而知当事人会多么懊丧。

在生活中，因为坏脾气而把好事变成坏事的例子很多。因为坏脾气不可控制地突然发作，很多事情都遭遇了误解，甚至是接连误解。洞察世事的人都知道，很多悲剧都是因为接二连三的误解造成的。假如我们能够按捺住自己的急脾气，遇到事情先不着急发作，而是耐心地了解事情的真相，找出最好的解决方案，那么事情就不至于朝着无法挽回的方向发展。

艾米是一家公司的销售主管，最近，她听说公司高层正在考核相

关的中层领导，想从中挑选一位成为公司的副总。对此，艾米心中颇有几分得意，她觉得这个职位非自己莫属。当然，她也是有对手的，那就是和她一起进入公司的行政主管李云。论资历，她们俩都是老资历了。论成就，艾米把销售部搞得热热闹闹，而李云呢，也是公司不可或缺的重要人物。这么说吧，没有艾米，公司的销售业绩就会大打折扣，而没有李云，公司的大事小情短期内就会陷入瘫痪状态。即便如此，艾米始终认为利润是一个公司生存的基础，所以她坚持认为自己的地位比李云更重要。

最近，李云也得到了公司要从中层选拔高层的消息，所以她也处处谨小慎微，生怕在关键时刻有什么差错。公司里的同事们都议论纷纷，说副总不是艾米就是李云。眼看着公司高层的考核期马上就要结束了，突然有一天，艾米得到内部消息，说高层已经决定提升李云为副总。得到这个消息后，做事向来雷厉风行的艾米按捺不住了。她在第一时间就给老总打了电话，不但历数自己曾经创下的辉煌业绩，而且还质问老总自己哪里不如李云，为什么公司要提拔李云当副总。总之，艾米颇有点儿得理不饶人的架势。接到电话后，老总笑了笑，让艾米稍安勿躁。艾米不知道的是，这也是高层的考核内容之一。在艾米得到消息说公司决定升任李云为副总的同时，李云也得到了消息说公司要提升艾米为副总。不过，李云可比艾米沉稳多了，她既没有给老总打电话，也没有闹情绪，而是像以往一样兢兢业业地工作。在这一轮考核中，李云无疑胜出了。最终，经过公司董事会的详细讨论，决定提升沉稳干练的李云为公司副总，而一致认为雷厉风行的艾米还是主管销售工作更合适。

艾米哪里输给了李云？无疑就是坏脾气。在形势复杂的商场，急脾气无疑也是坏脾气的一种，更何况艾米还怒气冲冲地质问了老总。假如艾米不打这一通电话，也许高层还无法这么快地就决定取李云而舍艾米。面对这样的结局，艾米如何能够知道自己输在一个电话上呢？公司的管理工作是很复杂的，不仅需要睿智的思维，还需要沉稳的作风。显然，李云更符合作为公司副总的要求。

只有理智冷静地处理事情，事情才会朝着好的方向发展。不管什么时候，坏脾气都无法真正地解决问题。

多努力少争执，与其斗气不如争气

现代社会，生活压力越来越大，生活节奏越来越快，导致很多年轻人的脾气也越来越暴躁。一些人因为一时的愤怒，与他人产生激烈的争执，甚至酿成大祸。即使是对身边的亲人、朋友，有些人也似乎失去了耐心。尤其是在竞争激烈的职场上，一些人因为争夺利益，与同事发生纷争，导致同事关系极度恶化。这一切，都让生活失去了和谐与融洽，导致硝烟四起。

其实，斗气与争气虽然只有一字之差，但是却差之千里。所谓斗气，顾名思义是因为生气故意与他人对着干，不但不能提升自己，反而会因为一时冲动，导致彼此之间发生剧烈争执或者打斗，造成恶果。那么，如果我们在与他人生气之后，不是选择斗气，而是选择争气，则我们更容易成就自己。所谓争气，是激发自己的潜能，竭尽所能地让自己做到最好，获得属于自己的成就。这样一来，就能让自己获得成功，引来他人的羡慕。这就是争气的最好诠释。所以，我们一定要争气，而不要斗气。要知道，宝贵的时光转瞬即逝，唯有争气，才能不负自己。

一个年轻人血气方刚，刚刚找到新工作没多久，就因为工作上不合理的安排与上司顶撞起来。虽然后来彼此都表示了和解，但是他心中却始终憋着一口气。不管上司让他做什么，只要心中不满意，他马上就会毫不客气地与上司顶撞起来。渐渐地，上司对他失去耐心，向总经理汇报：“对于这样一个员工，即使他能力再强我也不愿意再用，更何况他除了意气用事，没有任何优点呢！”就这样，年轻人失去了工作，只得再继续四处奔波，寻找新工作。

年轻人再次找工作并不顺利，而是处处碰壁。此时，他才感到后悔："如果我当时不与上司斗气，而是更加争气一些，把工作做到最好，只怕他想找碴儿，也没法找。现在，我因为与上司斗气，不服从上司的管理失去工作，要是一切能够重新来过多好啊！"

在这个事例中，年轻人在与上司之间发生冲突后，虽然和解了，却处处与上司过不去，最终导致上司对他忍无可忍，只好把他辞退了。后来，在找工作四处碰壁的情况下，年轻人才开始感到懊悔。的确，如果他能够做到争气，把工作的各个方面都圆满完成，那么即使上司对他有什么不满，也没有机会表达出来。而且，他还会因为出色的工作能力得到很好的发展。如此截然不同的结局，就是斗气与争气的不同结果。

常言道，人生不如意十之八九。这些不如意，既包括发展的不如意，也包括人际关系的不如意。其实，职场上的人际关系向来是重头戏，因为现在已经不是个人英雄主义的年代，一个人即使能力再强，也不可能把所有事情都做到最好。人生，比的不是谁比谁的脾气更大，也不是比谁比谁更倔强。只有真正的强者，才能根据自身的情况，多争气，少斗气，真正证明自己。

第 07 章

主动让一步，给自己一个海阔天空

宽恕别人，因为宽恕受益者是宽容者本身

宽容，向来是充满智慧的哲人们所提倡的。然而，现代社会，随着生活节奏越来越快，各种压力成倍增长，越来越多的人表现出明显的戾气，而不再淡定平和，更缺乏宽恕。实际上，很多时候我们宽恕别人，是为了帮助自己活得洒脱。恨，抱怨，愤愤不平，都是最折磨人的囚牢。当我们用这些无形的囚牢囚禁自己的时候，我们就会变得不快乐。

也许在被伤害的当时，我们一定认定有些人是永远不会被宽恕的。然而时间是最好的解药，只要你不刻意地与时间对抗，你就会发现其实很多人很多事都可以被宽恕。一旦你选择宽恕，自己也会觉得轻松和解脱。曾经有位名人说，大凡伟大的人，都拥有两颗心，一颗心充满血肉感情，一颗心专门用来宽恕他人，所以，他们才能成为伟人。我国古代的圣人孔子也曾说，己所不欲，勿施于人。这句话适用于很多情形，当你不愿意被他人憎恨，就应该学会宽恕他人。

有个女孩的脾气特别暴躁，动不动就歇斯底里。每当她发起怒火，根本不会在乎他人的感受，只顾着自己发泄。为了帮助女孩改掉乱发脾气的缺点，有一天，妈妈拿出一袋钉子给女孩，让她每次与他人吵架或者是乱发脾气的时候，就从袋子里拿出一颗钉子，定在卧室里的书柜上。这个书柜是女孩最为喜欢的，因而，每当她朝着书柜钉上一颗钉子时，都心痛极了。这一天，女孩因为生气在书柜上钉了三颗钉子。第二天，她又因为歇斯底里和发火，朝书柜钉了两颗钉子。接下来的几天里，她竭力控制自己，渐渐地，她居然好几天才向书柜钉一颗钉子。后来，女孩接连几天都没有朝书柜钉钉子，妈妈对她说："从现在开始，如果你每天都不再发脾气，那么你就可以把之前的钉子拔下来一颗。记住，是不发脾气的情况下，每天拔下来一颗。"用了将近一个月的时间，女孩才把书柜上的钉子拔完。但是她原本光滑平整的书柜，已经变得千疮百孔。妈妈语重心长地对她说："你看，书柜原本是非常光滑和完美的，如今因为钉子的痕迹，变得千疮百孔。人心也是如此。如果你总是不加以控制地发脾气，那么你自己消了气就会忘记，但是看到你发脾气的人心中就像钉了一颗钉子那样，即使后来渐渐愈合，也会留下伤痕。你想看到你身边的人的心千疮百孔吗？"女孩若有所思索，很久才说："妈妈，你放心吧，我不会再让你们伤心了。"

世界上最辽阔的是海洋，比海洋更辽阔的是天空，比天空更辽阔的是人心。我们只有拥有一颗宽容的心，才能在人生路上潇洒地行走，也不会被他人无心或者有心的过失伤害。要知道，宽容的受益者绝不仅仅是被宽容的那个人，更大的受益者是宽容者本身。很多时候，宽恕别人就是解放我们自己。

人生路上，总是有磕磕绊绊，伤害也在所难免。唯有怀着一颗宽容的心，我们才能更加胸怀坦荡。常言道，金无足赤，人无完人，真正完美的人在这个世界上是根本不存在的。既然我们不能保证自己是完美的，也就应该宽恕他人的不完美。

以宽容之心待人，让自己淡然心安

生活中，每个人都难免犯错误，可以说人就是在不断犯错的过程中逐渐成长和成熟起来的。既然如此，我们就应该摆正心态，坦然接纳他人的错误，也宽容自己的错误，只有积极地从错误中总结经验和教训，我们才能以错误为阶梯，不断进取。

对于他人的错误，有些人总是能够采取包容的态度，宽容以待，不会刻意指责或者抱怨。有些人则恰恰相反，他们是得理不饶人的主

儿，一旦抓住他人的错误，就像揪住别人的小辫子一样不依不饶。在人际交往中，人们当然更喜欢前者，而不愿意和后者打交道。既然人非圣贤，那么谁又能不犯错误呢！我们今日抓住别人的错误再三批判，也许明天就会自己打自己的嘴。这样的情况一旦发生，不但招致尴尬，也会惹人笑话。因而善待他人就是善待自己，唯有我们以宽容之心对待他人，才能得到他人的宽容相待。

现代社会，人际关系被提升到前所未有的高度，人脉资源也作为人生中的重要资源得到高度的重视。大家都清楚，多个朋友多条路，多个敌人多堵墙，任何情况下，我们都应该以搞好人际关系为基本原则，千万不要得理不饶人，得寸进尺。当然，在宽容他人时，我们不但要做到心口合一，还要做到言行合一。很多人的宽容是伪装出来的，难免会有破绽和瑕疵，很容易就会被识破。只有发自内心地宽容待人，这才真正做到言行合一。由此可见，心宽才能天地宽，人生的道路也会变得更加宽敞平坦。

清朝康熙年间，张英是文华殿大学士，还是礼部尚书。他在安徽桐城的老家和同为名望家族的吴家比邻，为了方便交通，两家之间有一个窄巷，可供行走便利。后来，吴家大兴土木，准备重新修建宅邸，吴家想占用两家之间的通道，以扩大内院。得知这个消息后，张家坚决不同意，并且为此把官司打到了县衙门。县官考虑到两家都是名门望族，身份显赫，因而推三阻四，总是不愿意开堂审理。无奈之下，张家人写了一封信给朝廷里的张英，请张英出面处理此事，一定要还给张家一个公道。得知事情的始末之后，张英当即提笔修书：千里来书只为墙，让他三尺又何妨？万里长城今犹在，不见当年秦始皇。

张家的人读完这封信后，了解了张英的意见，主动让出三尺空地，以供交通便利。吴家呢，看到张家如此宽容，也不好意思再霸占原本的窄巷了，因而也让出三尺地基，就这样，张吴两家之间有了一条六尺宽的巷子，“六尺巷”由此而来。

在这个事例中，如果张家坚持要讨个公道，而吴家也必然寸土不让，最终不但两家闹得很不愉快，甚至连邻居也没法做了。因为张英的宽容大度，不但不纠缠于吴家要占用两家之间空地的事情，反而主动让出三尺空地提供交通的便利，最终感动了吴家，让吴家也主动做出让步，从而方便了当地百姓们的生活，大家有了一条六尺宽的巷子交通往来。

宽容，不但是一种美德，更是待人处事的基本涵养。假如人人都能够宽容地对待他人，这个世界就会充满和谐友爱。当然，宽容虽然说起来只是简单的两个字，但是要想真正做到却并不容易。我们必须调整好自己的心态，保持内心的平和淡然，这样才能以宽容的态度包

容他人的错误，从而使人际关系得到提升和净化。

学会选择，学会接受失去

人的幸福来源于人的内心，同样的道理，人的大多数烦恼，也是来自内心。生活中，我们常常看到有些人大大咧咧的，他们看起来很傻，实际上是不愿意计较小的是非得失。这种人虽然难免吃亏，但是却得到了很多快乐。还有些人整日愁眉苦脸的，是他们的生活和工作真的都不如意吗？其实不是，他们只是心里放不开，凡事都计较，所以就变成了苦大仇深的样子，感觉好像全世界的人都欠着他很多钱没有还。其实，人生一世，金钱名利都是身外之物。最终，我们会发现自己这一生得到的只有感受，或者幸福，或者快乐，或者悲切，或者愤懑。你拥有什么样的心态，你就会拥有什么样的人生。

我们在这个世界上熙熙攘攘地活着，很多时候就像蚂蚁一样成群结队。假如地球是一块石头，那么外星人看我们，估计就像我们看蚂蚁。再例如，如果地球是海洋，那么人就像其中的一滴水，一滴根本无迹可寻的水滴。这样想来，我们的得到和失去还有什么重要的呢？生活中那些闷闷不乐的人，大多数是得失心太重的人。这次评职称，没有你有什么关系呢？下次还有机会。即使一辈子评不上职称，你也会过得好好的。这次挣钱太少了有什么关系呢？下次可以多挣点儿，只要一家人平平安安地在一起，就会很快乐。人生之中，我们不停地在得到，从父母那里得到生命和得到成长的养料，从同学那里得到同学的情谊，从朋友那里得到关切之意，从亲人那里得到困难面前的援手相助，从爱人那里得到甘美的爱情，从孩子那里得到成长的回报……我们得到这么多，为什么还要在乎失去呢？人生，总要学会取舍，学会接受失去。当然，最快乐的人还懂得放弃。

现代社会，还有几个人像当年的范进一样，一辈子奔波奋斗在科举考试的路上，好不容易中了个举人，还没来得及享受成功的喜悦，就喜极而疯了。这是因为，我们和范进相比，已经学会了放弃。世界上，好东西太多太多了。人的欲望是无止境的，我们想要的很多，当我们历经千辛万苦得到自己想要的，却发现我们的心太贪婪，它只有片刻的满足，很快就会又有新的所求。既然如此，我们难道要一辈子都为自己的欲望所驱使吗？如果我们学会放弃，学会只取自己生活的所需，学会改变自己的需求，那么，我们就离幸福近了一步。很多时候，不放弃不是执着，而是固执。固执的人很难获得幸福，因为他们的心太过沉重。自主地放弃一些东西，是明智所思的结果，是理智豁达的所为。

有一天，海神涅普顿和智慧神雅典娜一起路过古希腊的山谷，他们停留在一座小城中休息。看到小城的安静和幽美，他们同时爱上了这里。他们不约而同地想用自己的名字命名这座小城，并且为此争执不下。小城说："这样吧，让我自己选择吧！"为了争取小城的命名权，海神对小城说："快看，我可以赐予你取之不尽、用之不竭的财富。"说完，他用手中握着的魔杖指了指天空，天空中马上出现了一匹雪白的马。小城问："这是什么？"海神说："这是权力。只要拥有了它，你就能够征服任何人。由此一来，你就会拥有无穷无尽的财富，变成世界的主宰。"

听了海神的话，雅典娜笑了，说："真正的财富是什么？不是金钱和权势，而是和平、友谊和智慧。只有拥有这些，你才能获得永恒的幸福。"说完，雅典娜也拿起魔杖指了指地上，只见地上冒出了一棵小小的树苗，转眼间就长成了一棵橄榄树，枝头上开满了洁白美丽的花朵。雅典娜告诉小城："这就是和平、友谊和智慧。只要你拥有这美好的品质，你就会过上幸福的生活。"

小城选择雅典娜作为自己的名字，从此世界上就有了雅典娜这一城市。

一个人，不会同时拥有所有的金钱、权势、美貌、财富等，只有取舍，才能最终决定自己过上怎样的生活。小城成为雅典娜，世界上无可替代的一个地方。也许拥有金钱和财富的地方很多，但是它们都不叫雅典娜。

电影《唐山大地震》中，在生死攸关的关头，倒塌的柱子一头压着女儿，一头压着儿子。手心手背都是肉啊，放弃哪个孩子都让妈妈的心碎成一地。然而，如果时间继续耽误下去，可能两个孩子都保不住。最终，母亲想到了已经去世的丈夫，艰难地选择了儿子。只有她自己知道，她的心在滴血，从她选择的那一刻，她活着就是思念女儿。即便如此，她也依然要继续生活。生活不会停滞不前，更不会倒流，唯有向前看，才能稍微冲淡一些痛苦。我们不愿意放弃，但是我们必须学会放弃，进而接受放弃。

放弃，不是怯懦者的借口，而是智者的选择。明智的放弃，让我们得到更多。唯有放弃，才能让我们的内心更多纯净和安然。

拥有“退一步”的心态，享受海阔天空的人生

生活中，不乏有一些纠结的人。遇到事情的时候，不管是大事还是小事，他们总是很难当机立断地做出决定。纠结往往源于内心的欲望太强，之所以纠结，就是因为既想得到这个好处，又不想舍弃那个

好处。然而，命运是公平的，即使对于一件小事，也不可能让人们得到十全十美的结局。在做决定的时候，我们总是要放弃一些东西，才能够得到一些东西，这就是舍弃。归根结底，纠结的人是因为无法决定得到什么、舍弃什么，所以，他们总是犹豫不决、迟疑不定，不知道如何才能最大限度地得到自己想要的一切。最终，在迟疑之间，错失最好的机会，失去得更多。为了避免这种结果的出现，我们应该杜绝纠结，只要想清楚自己更想要得到什么，果断地舍弃次要的，就不会那么纠结了。

晓娜与海娟是高中同学，高考中，成绩不相上下的她们一起落榜了。她们商量好不复读，一起去打工。就这样，当其他同学背起行囊去读大学的时候，她们也背起了行囊去了遥远的南方城市打工。南方城市是沿海经济开发区，服装产业做得很好。晓娜与海娟在服装厂工作了几年，都成了技术娴熟的工人。晓娜更有心，居然还自学了服装设计专业，现在都可以自己设计并且制作出成衣了。

既然已经掌握了全套制衣技术，晓娜想和海娟一起回老家开办服装厂。一则，家乡有很多空余的地方可以建设厂房，降低经营成本；二则，家里有很多人都没有就业途径，人工成本也很低；最重要的是，晓娜听爸爸说，家里正在招商引资，对于自主创业的人可以无息贷款，还可以给予各种优惠政策。趁着改革开放的春风，晓娜也想腾飞一把。然而，海娟觉得现在的工作也很稳定，而且如果再干几年当个车间主任，工作还会更加稳定，待遇也会提高。当然，海娟也知道晓娜说的各种前景非常诱人，因此，她非常犹豫。看到海娟这么犹豫，晓娜一个人先行辞职回到了家乡。刚刚开始创业的日子的确非常辛苦，各种手续各种盖章，还要培训工人，晓娜都一个人扛过来了。几年之后，晓娜的服装加工厂已经开办得有声有色了。海娟呢，还在犹豫之中。

纠结，除了导致结果不尽如人意之外，还会让我们陷入焦虑和不安之中。纠结的时间越长，我们承受痛苦思考的时间也就越长。要知道，这个世界上没有什么事情能够达到绝对的完美，你在得到的同时，也必然会失去一些。既然结果注定如此，我们只需要权衡利弊即可，而无须为得不到一切而纠结。生活中，快乐的人是因为能够放开自己，痛苦的人是因为始终作茧自缚。要想得到快乐的生活，我们就不要当那个作茧自缚的人，而应该让自己拥有“退一步”的心态，享受海阔天空的人生。

生活中很多成功的人，他们有着觉悟者的智慧，这种智慧让他们做事不会拖泥带水，而是像狮子一样勇猛，最重要的是，他们一旦想好了就会去做，他们的行动像大象一样成熟稳重。正因为如此，他们才能抢占先机，获得成功。事例中的晓娜就是这样的一个人，成功有大有小，她在成功的路上已经迈出了第一步。海娟呢？她却一直在犹豫，失去了和晓娜一起创业的机会。

西汉名将韩信，在受到胯下之辱后，痛定思痛，背起行囊外出拜师，最终成为一代名将。人生，必须放开自己，才能获得成功。人生，必须退后一步，才能海阔天空。

让一步你才有机会说“或许那也没什么大不了”

细心的人们，你们是否发现，在我们生活的周围，有这样两类人：一类人，他们的脸上总是挂着微笑，无论遇到什么事，他们都会积极面对，他们也似乎都有解决的方法，因此，他们生活得幸福、坦然，路也越走越宽；还有一类人，遇事他们总是往坏的一方面想，于是，他们总是感到低迷，整日郁郁寡欢。那么，你更愿意做哪种人？当然是前者！有句话说得好：“乐观者在灾祸中看到机会，悲观者在机会中看到灾祸。”凡事往宽处想，好运就不会远离。

苏轼《题西林壁》云：“横看成岭侧成峰，远近高低各不同。不识庐山真面目，只缘身在此山中。”看似浅显，其实饱含生活哲理。人人都要面对红尘命运中的各种磨难和悲辛，身在其中，心思却能够跳脱其外，以那种怀禅的释然、纳海的胸襟、平和的意绪坦诚面对未来一切莫测的事情，那么尽享祥和的微笑是不言而喻的。

有这样一则堪称“神奇”的故事：

曾经有一对年过四十的夫妻，他们在进行年度身体检查时，发现双双患了绝症：妻子得了乳腺癌，丈夫患了严重的动脉血管疾病，医生坦言他们只剩下半年时间了。这简直犹如晴天霹雳，他们原本幸福的生活似乎一下子就要破灭了。

然而，这对夫妻并没有就此在哀怨中生活，他们想了想，还有半年时间，足够他们完成这辈子最想做的事了——环球旅行。于是，他们卖掉了他们10年前才还清贷款的房子，并很快就出发了。

在旅行过程中，他们几乎忘记了生病这一回事，格外珍惜每一天，他们仿佛回到了20年前他们刚结婚的时候，那时候，他们没钱，忙于工作、照顾孩子，但现在他们有机会了，看到他们甜蜜的样子，没有人会想到他们是一对生命即将结束的病人。

5个月后，他们的旅行结束了，按照规定，他们还需要做一次检查，但在看检查结果时，连医生都惊呆了，他发现妻子的癌细胞已经消失，丈夫的动脉血管阻塞也好了许多，这个结果让医生感到匪夷所思。

后来，医院就这一对夫妇的情况进行了研究，他们认为这是积极

情绪的作用，快乐的人脑内会分泌一种安多芬，它会增加体内的淋巴球，进而增强对抗癌细胞的能力，让人重新获得健康。

这简直是个奇迹！因此有人说，心态决定人生，积极乐观的心态是成功的源泉，是生命的阳光和温暖，而消极的心态是失败的开始，是生命的无形杀手。

当人生的不幸来临时，积极的心态是一个人战胜一切艰难困苦，走向成功的推进器。积极的心态，能够激发我们自身的所有聪明才智；而消极的心态，就像蛛网缠住昆虫的翅膀、脚足一样，来束缚人们的发展。

积极乐观的人生态度，指的就是无论命运给了我们怎样的"礼物"，都不要忘记告诉自己一定要往宽处想，要用微笑看待一切。看开点，才能将利于自己的局面一点点打开。在饱受约束的现实生活中，要让心灵快乐地飞翔，我们必须打开自己的心扉。

日常生活中，丢了钱财、路遇堵车，看起来很倒霉，悲观的人或许会为此懊恼一整天，认为老天对自己不公平，心里十分不开心，在工作生活中带着这种郁闷的情绪，这对自己有什么好处呢？反过来，把这些不顺心当作生活中的一部分调料，乐观地看待，你或许会有另外一番心情……抱着这样的态度看待生活，还会有什么不开心的事，还会有什么烦恼呢？

有这么一个段子：好的情绪带你进天堂，坏的情绪带你住牢房，甚至会住进十八层地狱！要想拥有积极的生活态度，就需要我们时时心存感激，不忘欣赏生活的美好，保持均衡的生活，让每一天都过得有意义。

有人说：“思想……能令天堂变地狱，地狱变天堂。”其实生活的状态如何，是否快乐和幸福，选择权就在我们自己手中……相信自己能做个乐观的、积极的人，相信自己能做个神采飞扬的人，那么，你们看待事物的眼光就会是积极乐观的。

总之，生活中的人们，无论命运把你们抛向任何险恶的境地，你们都要毫无畏惧，用你们的笑容去对付它！而如果你们能不把挫折拿来当成放弃努力的借口，那么，或许你们可以用一个新的角度，来看待一些一直让你们裹足不前的经历。你们可以退一步，想开一点，然后你们就有机会说：“或许那也没什么大不了的！”

心胸宽阔，给别人机会也是给自己机会

我们都知道，身为社会的人，我们难免要与人打交道，也就难免会产生摩擦、误会、睚眦，此时，如果我们多体谅、包容他人，那

么，彼此都能相视一笑，而如果我们“得饶人处不饶人”，那么，只能加大彼此间的矛盾，甚至产生仇恨。

有人说，人生原本艰难，又何必为难彼此！的确，宽容是人类的美德，更是一种宝贵的品质，人类社会的任何组织，小至家庭，大至社会、国家，要和谐共存，都离不开宽容的意识。

古人云：冤冤相报何时了，得饶人处且饶人。这就是一种宽容，一种心胸宽大的表现。自古以来，宽容就被人们奉为一条至高的做人原则，也是中华民族传统美德推崇的一部分。生活中的每一个人，你也要时刻记住宽容为不可或缺的美德，即使与自己的对手较量，也一定要心胸宽阔，容人之不能忍，才能成就非凡的品质。有时候，包容他人，给别人一次机会，也就是给自己机会。

一次，楚王邀请群臣来喝酒，席间，为了助兴，楚王叫来了自己最宠爱的两位美人许姬和麦姬轮流向各位敬酒。

因为是在室外举办的宴会，所以，当一阵狂风吹来时，在场的所有灯笼和蜡烛都被吹灭了。此时，一个好色的官员趁机摸了许姬的玉手。许姬当然本能地甩了一下手，谁知道，这下子，她一不小心扯掉了这位官员的帽带。她匆匆回到座位上并在楚王耳边悄声说：“刚才有人趁机调戏我，我扯断了他的帽带，你赶快叫人点起蜡烛来，看谁没有帽带，就知道是谁了。”

楚王听了，并没有责备那位官员，而是立即令人先不要点蜡烛，并对在场的所有人说：“今天晚上，我一定要与各位一醉方休。来，大家都把帽子脱了痛快饮一场。”

有了楚王的命令，大家都脱了帽子，自然也就看不出是谁的帽带断了。后来楚王攻打郑国，有一健将独自率领几百人，为三军开路，过关斩将，直通郑国的首都，而此人就是当年揩许姬油的那一位。他因楚王施恩于他，而发誓毕生孝忠于楚王。

“人非圣贤，孰能无过。”很多时候，我们放他人一马，就是给自己创造机会。很多时候，我们都需要宽容，宽容不仅是给别人机会，更是为自己创造机会。

的确，在我们与朋友交往的过程中，难免会遇上令人难以忍受的事情，也难免会产生一些摩擦，此时，如果我们凡事好争斗，非得争个是非对错，甚至得理不饶人，长此以往，你的朋友必将远离你。我们不得不承认，很多朋友之间的友情就是由于无法互相谅解和宽容而土崩瓦解，让人为之叹息！而当我们以宽容的心来对待时，我们的朋友就会被我们高贵的品质、崇高的境界以及人格力量所折服，彼此的友谊就会更加牢固、长久。

其实，不仅与朋友相处需要一颗谅解的心，即便与你的对手较量，也不必要把事做绝。俗话说：“兔子急了也咬人。”你把别人逼得没有丝毫退路，对方除了奋力反击之外还能有什么选择？可见，对于我们的竞争对手或敌人，倘若我们能为对方留一条退路，那么，对方必定能感受到你们的宽容，无疑，这是我们种下的善果，他日，对方必定也会为我们留一条后路。不过，宽容我们的对手说起来简单，可做起来并不容易。因为任何宽容都是要付出代价的，甚至是痛苦的代价。

为了培养和锻炼良好的心理素质，生活中的人们，你要勇于接受宽容的考验，即使感情无法控制时，也要管住自己的大脑，忍一忍，就能抵御急躁和鲁莽，控制冲动的行为。对此，你需要做到以下几个方面。

1.设身处地地从对方角度考虑问题，做到求同存异

宽容就是一种意见的保留，就是不勉强他人。从心理学角度，我们每个人的任何一种想法的产生，都是有理由的。如果你的想法与他人不同，那么，你应该多了解对方的这种想法的产生的根源，这样，你就能够设身处地地从对方的角度考虑问题了。

2.用爱心包容别人

“包容”，归根结底，来源于爱和理解。只有心中有爱，我们才能以同情的态度对待他人，才会充分尊重他人的立场和见解。只有爱，才能消除彼此的敌视、猜忌、误解；而爱的荒芜和消亡，将使最

亲密的人彼此伤害、仇视以至兵戈相向。

3.学会求同存异

当你与他人产生一些分歧时，不要显示你的嘴上功夫，将对方说得一无是处，甚至将对方贬低，否则，只会恶化你们间的关系。任何人都有自己的人生观、价值观等，对同一件事，自然也会有不同的看法，俗话说：“对事不对人。”有意见可以保留，但不能贬低他人。

总之，宽容是一种财富，拥有宽容，是拥有一颗善良、真诚的心。这是易于拥有的一笔财富，它在时间推移中升值，它会把精神转化为物质，它是一盏绿灯，帮助我们在工作中通行，选择了宽容，便赢得了财富。

第 08 章

推功揽过不强争，懂得吃亏福气多

有远见的智者愿意吃亏，而减少是非

只有拥有能吃亏的胸怀，才能真正变“吃亏”为“幸福”。人生的道路上会有很多变数，当前吃的亏既是挑战，也是机遇。

谈及成功，每个人都有自己的看法，有人把事业有成看作成功，有人把家庭和谐看作是成功。通向成功的道路有很多，不论选择了哪种方式，只要通过自身的努力实现自己的理想就是成功。成功之路并不是一帆风顺的，它布满荆棘，成功者的自身能力与品德是决定成功与否的关键。在众多的品德中，拥有容得下吃亏的肚量，是很重要的。

但是仍然有很多人意识不到这一点，怕吃亏。这些都是目光短浅的人，他们只顾眼前的蝇头小利，最后不是掉入失败的深渊，就是被人唾弃。人的一生就是这样，不能只赚便宜不能吃亏。那些有远见的智者愿意吃点小亏，而减少是非，避免不必要的失败。

认真想想，“吃亏是福”的道理真对。举个例子：有两个气球，一个好大喜功，总想胜人一筹。当看到同伴的个头和它一般大的时候，它很不服气，因此它努力吸更多的空气。为不使同伴超过它，它贪得无厌地吸食着气体，把躯体撑得又肥又胖，皮肤薄得透明，而且光润有泽。就这样，它还不满足，还把自己的气嘴扎紧，怕漏了一丝空气。当一只手来压迫它时，它仍不肯松口，结果它不堪重负，“砰”的一声破碎了。而另一只气球，不似同伴那样争强好胜，它吸食的空气并不太多，总是保持在自己能承受的范围内，它的肤色当然不如同伴那么光亮，气嘴扎得也不太紧，当那只手来压迫它时，它就毫不吝啬地释放一些空气，虽然损失了一些空气，但保全了自己，所以这只气球完好无损。所以说，人的肚子必须能装得下吃亏，才能保全自身，才能坚持到最后，直至获得成功。

很多事实告诉我们，一个追求更大成功的人，不得不忍受小的失败和暂时的牺牲，即不得不吃眼前的亏。每到此时，只有那些心里装得下吃亏的人，才能最后变“亏”为“盈”，获得成功。大家都知道“卧薪尝胆”的故事。勾践后来能够打败吴国，一个很重要的原因就是他能够容忍失败，容忍失败所带来的一切不利：能装得下吃亏。俗话说：“不经一番寒彻骨，哪得梅花扑鼻香。”

不怕吃亏，器量大的人路才能越走越宽

说到器量大者赢天下，一段古文阐述得非常精辟：“人亦一器也，莫不各有其量，如天地之量，圣贤帝王之所效焉；山岳江海之量，公侯卿相之所则焉。古夷齐有容人之大量，孟夫子有浩然之气量，范文正公有济世之德量，郭子仪有福量，诸葛武侯有智量，欧阳永叔有才量，吕蒙正有度量，赵子龙有胆量，李德裕有力量，此皆远大之器。”诚如“君子坦荡荡，小人长戚戚”所言，纵观天下，大凡在事业上建功立业、叱咤风云之人都是不怕吃亏、胸怀坦荡、宽宏大量者，而绝非是胸襟狭窄、小肚鸡肠之辈。

真正不怕吃亏、器量大者是会感谢那些生活中曾经伤害过自己的人，因为正是这些伤害，磨炼了他们的心志，让他们变得更坚强，领略到了人生中的不同风景，吴佩孚便是其中之一。

其实器量大终究不会让我们失去什么，不会让我们吃亏，相反，我们还能从其中收获快乐、友谊，使得自己的人生之路越走越宽广，越走越顺畅。

俗语说“宰相肚里能撑船”，在如今纷繁的事物、复杂的人际关系、残酷的竞争中，不怕吃亏、器量大度更是展示出超然的力量，一旦我们拥有了宽广的器量，便会发现，原来“退一步”真的能“海阔

天空”，原来身边人并非不怀好意，原来世界是如此辽阔而美好，原来成功路上是一片风光旖旎、前途无限！

以不争之心成为天下莫能与之争之人

生命中，我们每时每刻都会遭遇各种事情，而这些事情中皆有一个“利”字，如同“天下熙熙皆为利来，天下攘攘皆为利往”。那何谓“不争”呢？就是不争利益，无论蝇头小利，还是天降财神，都不要去在意；专心、尽力做事，在名利面前不怕吃亏，懂得退让；拥有一颗博爱之心，却没有私心，不图回报；不被身外之物所累，安然走好自己的人生之路。

不争之于国家，可塑造雍容的形象，有利于求同存异、互惠互利、开阔视野、兼容并包，使国家在纷繁复杂的国际环境中立于不败之地；不争之于团队，可以增进团结，深化认识，加重友谊，提高整体凝聚力，创造和谐、温馨的氛围；不争之于人，能提高我们的人格魅力，促进身心健康成长，进而推动事业发展。

我们每个人的人生都有属于自己的天空，属于自己的精彩与无奈，唯其不争，我们才能不怕吃亏，不嫉妒他人取得的成就和荣耀，不给自己虚无的高压；才能兢兢业业完成既定目标，在大是大非问题上不卑不亢，据理力争，寸步不让；才能功成即身退，给自己留了后路也为别人留后路，以不争之心成为天下莫能与之争的人物！

不怕吃亏，以忍让求前进

留得青山在，不怕没柴烧。适时忍让并不代表着软弱，反而是我们走向成功的铺路石，能让我们取得更耀眼的成绩。

说到成功，勇往直前、积极进取一直是人们着力渲染、大力描绘的精神。殊不知，一味硬碰硬并非最佳选择，以退为进才不失为一种人生的策略。一直以来，“宁为玉碎，不为瓦全”“不达目的誓不罢休”的英雄人物是我们交口称赞的焦点。但是，万物是变化的，我们不能以同一种策略、同一种眼光去看待所有的局面，在某些时间，忍让并不一定就是软弱，也不一定是吃亏，而是一种积极战略措施。

不怕吃亏，以忍让求前进，是我们处世的大智慧和最高哲理。如引擎利用后退的力量，反而引发更大的动能；如空气越经压缩，反而越具爆破的威力；如将军智慧作战，迂回绕道、转弯前进，反而大破敌军，取得胜利。常常，我们要想成功，必须低头忍让，如刘邦正是

再三“忍让”，才成就了千秋霸业。

刘邦，出身草莽，行为放荡不羁，整天不务正业、游手好闲，父母对他失望至极。他让人看到的唯一优点就是懂得为人处世，他所担任的泗水亭长不过是一个小县吏，但他却能与沛县官场上有名的萧何、曹参成为莫逆之交，被称为“沛县三友”。更有周勃、王陵、樊哙、夏侯婴等，为他日后起兵反秦立下赫赫战功，几乎全是汉朝的开朝元勋。

在所有的起义队伍中，项梁项羽叔侄的起义队伍实力最为强大，刘邦次之，为了义军间的团结，刘邦主动向他们示好，与小自己二十几岁的项羽结为兄弟。这是刘邦对项羽的第一次忍让。

秦朝灭亡后，刘邦知道只有自己能与项羽争夺天下。按照楚怀王的约定，刘邦先入关灭了秦朝应为关中王，但是为了不引起项羽的猜忌，他不怕吃亏，主动让出关中，讨好项羽叔父项伯并与之结为儿女亲家，在鸿门宴上主动向项羽称臣，再度对项羽忍让。在项羽犒劳军士，准备攻打他的时候避免了这场灭顶之灾，因为此时他的汉军根本不是项羽楚军的对手。

项羽此时不过二十几岁，年少得志，既有妇人之仁又暴虐成性，生怕吃亏，不懂忍让，刚愎自用不用谋士良言，嫉贤妒能不赏有功之臣，为自己种下了祸根。而刘邦恰恰相反，自有一套笼络人心的本事。陈平、韩信、英布、吕马童等原先都是项羽的部下，后来转投刘邦，为刘邦打败项羽起到了关键的作用。刘邦对项羽的第三次忍让是在项羽称西楚霸王分封天下诸侯的时候。

项羽对实力强大的刘邦仍有戒心，所以把遥远的蜀地分给他，让他远离家乡带着自己的人马前往偏僻的巴蜀。刘邦在反秦战争中是立了大功的，却得到这样的封赏。各路诸侯纷纷为刘邦不平，刘邦兵团内部更是怨声载道，厉兵秣马，意欲攻楚。但是刘邦最后听从了萧何的建议，萧何说："那种不怕吃亏，能退于一人之下而进于万国之上的，正是汤王、武王这样的人。愿大王称王于关中，长养人民，招贤纳士，收用巴蜀地区的物力人力，还兵平定三秦，如此便可以图谋天下了。"

刘邦再次体现了他的忍让精神，烧断栈道以示永不归还的决心。在他领兵进入关中的时候，各路诸侯中因仰慕他的容人之量而自愿跟随的竟有数万之众。忍让并不代表着软弱和苟且偷生，也并不一定是吃亏，刘邦看准时机，还定三秦，出兵与项羽争夺天下，开始了历时3年的楚汉之争。

项羽骁勇善战，彭城一役，刘邦的55万人马被项羽的3万轻骑打得只剩下5万，连自己的父亲和老婆都被项羽扣为人质，真是兵败如山倒。他不得不忍让，复振兵与项羽在荥阳成皋对峙，结果再次败北。此时，刘邦不仅要对敌人忍让，有时还要向自己人让步。

在整体战局不利的情况下，刘邦的大将军韩信攻破齐国，而刘邦被楚军围困于荥阳。韩信派使趁机要挟刘邦要他封自己为代理齐王，刘邦为笼络韩信，直接封他做齐王。面对部下的无理要求，不吃亏、不忍让的话，就有被敌军吞噬的危险。随着战局好转，刘邦与项羽在阵前对峙。项羽将刘邦的父亲捆绑在砧板上，威胁刘邦，如果再不投降就烹死刘父。面对自己的亲生父亲被敌人如此对待，刘邦还是要忍让，他故作镇静："我与你结为兄弟，我父即你父，如今你要烹死自己的父亲，就请也分一杯羹吧！"项羽又派出弓弩手，刘邦躲闪不及，被一箭射中胸口，鲜血直流。刘邦只有吃亏到底、忍让到底，不能在重兵面前表现出来。他强忍着疼痛高呼："你们的箭法太差啦，只射到我的脚指头"。

汉军顿时欢呼雀跃，楚军默然，忍让的威力堪比千军万马。想到自己的父亲妻子还在项羽手中，刘邦被迫向项羽退让，以鸿沟为界，以西归汉，以东归楚。已达知天命之年的刘邦此时也是身心俱疲，准备返回栎阳，坐稳他的半壁江山。然而，张良和陈平劝止他：汉已得天下大半，四方诸侯，皆已归附。而项羽兵疲粮尽，众叛亲离，正是天意亡楚之时，任凭项羽东归岂不是养虎为患。此时对于项羽忍让再三的刘邦终于决定放手一搏，与项羽决一死战。

他立即命令齐王韩信、魏相国彭越、淮南王英布出兵，会击楚军。最终将项羽围在垓下，自己成为一方霸主。

刘邦何以笑到最后？因为他深谙“以退为进”之道，并深知忍让不一定就是吃亏，而是巧妙施行战略的一种手段。相反，咄咄逼人的项羽却反而沦为悲剧的英雄。

忍让并不代表着软弱，也不一定会吃亏，只要不是在弹尽粮绝、穷途末路时退让，我们就还有希望东山再起。若我们不怕吃亏，能懂得变通，适时忍让，那么任何压力都能得到化解，任何烦恼都能得到消除，任何困难都能得到解决。要知道，忍让并不是吃亏，而是让我们把拳头收回来，积蓄充足力量，以待下一次的有力出击！

不要害怕吃亏，会吃亏才能得人情

古语云：“天时不如地利，地利不如人和。”明代冯梦龙《醒世恒言》第二十一卷也有：“可惜你满腹文章，看不出人情世故。”会处理人情事故任何时候都是成功的必要条件。一个能成大事的人，他自身的能力是一个因素，而关键在于他是否借助别人的强大力量。然而，要想交到好的朋友，我们就必须舍得付出，愿意吃亏，因为任何

情感都经不起斤斤计较，会吃亏才能得人情。

俗话说：“好汉不吃眼前亏。”但有时忍受点小亏反而会获得大的利益。在实际生活中，那些凡是不能忍受吃亏的人，却往往吃尽了苦头。的确，人活于世，太过注重私利，就不会交到什么朋友，这个世界上没有人喜欢爱占便宜的人，但没有人不喜欢爱吃亏的人。我们从小也在接受“吃亏是福”的教育，然而，现代社会，却有很多人不明白这个道理。

当然，吃亏并不是要“被动吃亏”，对于那些把我们当成软柿子来利用的人，我们必须学会拒绝，否则，这样的吃亏只能是吃力不讨好。

的确，我们发现，在为人处世的过程中，必定有一方会吃点亏，我们不要害怕吃亏，会吃亏才能得人情。当你吃亏的时候，第一，你会心理上赢得了比别人优越的债权感，一个人的社会地位是别人对他负有的社会债务感的总和。第二，这是一种以退为进的处事方式，你的吃亏会表明你是个豁达之人，这样，自然能赢得别人的信任和赞同，好人缘由此开始。

在中国，有句老话叫“无商不奸”。这句说的含义是：商人都是狡诈的，略有贬义。从这句话里，我们能看到自古以来人们对商人的评价——“商人都是唯利是图的”。因此，很多时候，人们对商人都心存芥蒂。而反过来，从商的我们如果愿意放弃一些利润空间，舍得亏本经营，那么，你不仅能收获人们的信任，还能收获高利润。

清末民初，北京城有一个著名的绸缎店。有一天，突然的一场大火将所有的东西都烧掉了，其中还包括来往的账本。大火之后，这个绸缎店的老板贴出了一张告示：“因本店的账本已经被烧毁，凡是欠我钱的可以不还，我欠别人的，只要有凭据，照样兑现。”

街坊邻居看到了这样的告示，都觉得绸缎店吃了大亏，怎么能忍耐这样的事情呢？可没想到，这个绸缎店却因此事而名声大震，许多人都慕名而来，其中还包括了许多外国人。顿时，这个被大火烧过的绸缎店又恢复了生机，生意比以前还要好。

本来，绸缎店被烧毁，店老板已经遭遇了失败的打击，但他懂得如何以忍耐换取人心。于是，在账本被烧掉的情况下，店老板依然愿意忍耐自己吃亏，而不愿意顾客吃亏。没想到，这样的忍耐竟然换回了顾客的信任，而店里的生意自然日渐红火。

的确，一个人只要学会吃亏，为人慷慨大方，才能获得大家的支持，然而，任何事情都需要讲究一个“度”字。我们发现，有这样一些人，他们是大家眼中的老好人，他们总是充当照顾别人的角色，什么亏都肯吃，他们永远只会听到这样的话语“某某，给我拿份文件”“某某，给我倒杯茶”等，长期以往，他们的工作和生活都处于被动的状态，他们只能等待着被要求去做什么，而他们自己是难以决定自己想做什么的。对于这种亏，我们一定要懂得拒绝，否则，你只会被大家当成“软柿子”。

在一家大型的广告公司里，有一个勤快的姑娘，大家都叫她小王，小王头脑聪明，热情助人，刚刚进入公司的时候，她就下定决心要从最基层做起，要成为所有人的好朋友。所以，公司里的事情，属于自己分内的，她会努力做好，不属于自己分内的，只要有人喊自己帮忙，她也会努力做好，慢慢地，她在同事之间赢得了一个“热心肠”的绰号。

小王感到十分满意，但是过了一段时间以后，她才发现：有些事情，同事原本是自己可以做的，但他们总是让自己去帮忙。有些人的态度很随意，似乎吩咐小王是一件理由当然的事情，帮忙之后，连“谢谢”都懒得说，似乎让小王帮忙是给小王面子。甚至有的人，还将自己手头的工作交给小王去做，而自己竟然去做私活。

小王虽然心里不高兴，但又不好意思拒绝，更关键的是不懂得拒绝，结果被那些事情弄得乱七八糟，整天忙得脚不沾地，工作非常被动，而且自己的工作还经常出现小错误。小王感到很烦恼：自己热心帮助同事有错吗？为什么会让自己变得这样被动呢？

案例中，小王热心帮助同事并没有错，错在于她来者不拒，不懂说“不”。工作中，当同事遇到了不能解决的问题，你出手帮助是应该的，但帮助同事也应该有个度，否则，无度地吃亏会让你陷入非常被动的状态。

因此，从这一点看，我们任何一个人都必须明白，愿意吃亏是好事，但别被动吃亏。否则，势必给自己带来更大的困恼，同时也会让自己处于被动的境地。

第 09 章

知晓进退不必争，韬光养晦最聪明

退让不是一味忍让，而是更深层面的进取

古往今来，人们都强调竞争的重要性，敢于争取、勇于竞争，才能为自己赢得一席之地。尤其是在当前的社会转型期，市场经济条件下社会充满竞争，人际竞争结果往往与人们的生存质量息息相关。然而，我们也看到了一味竞争对人际关系带来的一些负面影响，四处充满杀机，着实会使人草木皆兵。如果我们能做到“淡泊名利”，不与人争抢，并加强合作，进而弱化竞争，今天你成他人之美，那么，明天他人也会成你之美，多一份信任和友爱，才会多一份友谊。

以退为进，是一种智慧，会助你不慌不乱地达到目标。美国第三任总统杰斐逊与第二任总统亚当斯从交恶到宽恕也是这个道理的显现。

杰斐逊就职美国总统前夕，他来到白宫，想告诉上一任总统亚当斯说，他希望针锋相对的竞选活动并没有破坏他们之间的友谊。

然而，就在杰斐逊准备开口前，亚当斯居然暴跳如雷，说：“是

你把我赶走的！是你把我赶走的！”就在这件事后，他们好多年都没有往来。

后来一次，杰斐逊的几个邻居在和亚当斯聊天时，还提到这件事，亚当斯接着冲口说出：“我过去喜欢杰斐逊，现在仍然喜欢他。”

这些邻居把这话传给了杰斐逊，杰斐逊便请了一个彼此皆熟悉的朋友传话，让亚当斯也知道他对两人友谊的重视。后来，亚当斯回了一封信给他，两人从此开始了美国历史上著名的书信往来。

这个例子告诉某些还在为某些鸡毛蒜皮的小事和朋友老死不相往来的人，那些为了一些不值一提的小事与人大打出手的人，懂得退让是一种多么可贵的精神！

然而，现实中，我们却常会见到某些人为了一些小事而争论不休，最后不搞个面红耳赤、不可开交决不罢休。人之患在好为人师，与人交往，退后一步，反而更有利于前进，正验证了“无欲则刚，有容乃大”这个道理。

与人交往，凡事争第一，很容易成为众矢之的；而只有做到低调行事、懂得隐藏自己，即使吃点亏，你也赢得了人心，那么你自然就是别人眼中的“好人”，拥有了好人缘，荣誉和信任必将接踵而至。

那么，我们该如何做到退一步呢？这需要我们站在他人的角度来思考问题，或者多想想这件事情所带来的好处，凡事都有它的两面性。

其实，生活中有很多事都是我们所无法掌控的。大家都想占便宜，但哪里有那么多的便宜让人来占呢？保持一颗平常心，吃得起亏，也许真的会成为人生的一大幸事。在现代交际中，我们也要学会忍耐包容，宁愿自己吃点亏，这会让我们在对方眼里变得豁达、宽厚，让我们获得更深的友谊。这当然会使对方更心甘情愿帮助我们，为我们做事。

可能你会发出这样的疑问：万一对方有意与自己较量，又该如何？此时，你不妨装装傻，选择沉默！聋哑之人是不会和人起争斗的，因为他听不到也说不出。对方也不会找这种人斗，因为斗了也是白斗。对方如果还一再挑衅，只会凸显他的好斗与无理取闹，因此面对你的沉默，这种人多半会在说几句话之后就无趣地且骂且退，离开现场，如果你还装出一副听不懂的样子，那么更能让对方败走！

当然，退让，也不是一味忍让，而是为了实现双赢。“将相和”的故事中，蔺相如一而再，再而三地忍让着廉颇，终于使廉颇认识到自己的错误，使自己和廉颇都能各尽其用，使赵国繁荣昌盛。李嘉诚不贪小利，对于失败的竞争对手，他并没有穷追死打，留条财路给他人，最终使他自己成为亚洲第一富豪。以退为进，不仅为自己，也为了别人。

另外，退让也并不代表默默承受别人的侮辱，而是一种大智若愚。对所遇到的事情，多用眼睛去看，多用耳朵去听，多用脑袋去思考；并不是没有自己的意见。而是谨慎地做出结论，用不着把所有的都展示在大众的眼前。总之，与人交往，遵循“闭上嘴巴，默默地充实自己”的原则，才会多一份深度，少一些冲动。多一些涵养，少一些抱怨!

总之，我们不能为了竞争而竞争，有些竞争是必需的，有些竞争是可以放弃的，该放手的时候就放手。放弃是一种智慧，是一种豪气，是更深层面的进取。学会放弃，才能卸下人生的种种包袱，轻装上阵，迎接生活的转机，度过风风雨雨；懂得放弃，才能拥有一份成熟，才会更加充实、坦然和轻松。今天我成他人之美，明天他人就会成我之美。世界是一个和谐的世界，成人之美是这个和谐世界最美的乐章。

与其显山露水，不如隐藏自己避开他人锋芒

现代社会，无论是商业活动还是政治活动，似乎都存在一些竞争

对手。面对竞争对手，人们可能会不自觉地卖弄自己的才华，或者与对手针锋相对，而实际上，如果你着实比对手优越，能在竞争中胜出倒也无妨，但如果对方胜出，那么无异于打了自己的嘴巴。而一个真正有实力和梦想的人不会把自己的那点小才能挂在嘴上，宣扬自己的本事，即使当别人试探他时，他也会巧用转移话题的办法分散对方的注意力，从而隐藏自己的真实想法，为自己赢得更多的时间和空间来达到自己的目标。这是一种大智若愚的处世智慧。因此，在我们与对手较量的过程中，如果我们的力量不足或者遭到对手“逼供”，不妨采取这一办法，避开对方的锋芒。

一天，曹操邀请刘备来喝酒。

酒酣之际，曹操心血来潮，便问刘备：“你说这年头谁是英雄？”

刘备自然认为自己就是一世枭雄，但此时，却万不能表明心迹，说了会有性命之忧，于是，他只好与曹操打起了酒官司，顾左右言其他。谁知道，刘备说了半天话后，曹操倒不耐烦了，就直接说：“别绕了！这年头真正的英雄人物就是你跟我。”

此时，天上一声巨响——打雷了，刘备居然吓得筷子都掉地上了。曹操纳闷，便问：“怎么啦？”

刘备赶紧把筷子拾起来，然后顺口说了句：“这么大的雷，吓死我了。”老曹哈哈一笑：“大丈夫怎么可以怕打雷呢？”刘备赶紧接口：“孔子是圣人，他也怕打雷，别说我了。”

此时张飞、关羽两人怕曹操会杀刘备，闯了进来。见刘备没事，关羽连忙掩饰说自己来舞剑助兴。

曹操说：“这又不是鸿门宴。”然后斟酒让他们压惊。后来三人一起出来，刘备说：“我在曹操的地盘上天天种菜，就是要让他知道我胸无大志，没想到刚才曹操竟说我是英雄，吓得我筷子都掉了。又怕曹操生疑，所以我就说自己怕打雷掩饰过去了。”关羽、张飞佩服得不得了。

可以说，放走刘备，是曹操一生中最大的错误，因为当时曹操已经一眼看出刘备是真正的英雄。曹操甚至说了这样的话：“今天下英雄，唯使君与操耳！”这句话是载入史册的。而曹操“煮酒论英雄”，也只是为了试探刘备有无称雄的志向，刘备自然心知肚明，他就是担心曹操把他当作对手。如果那样，刘备不但不能为他日成就自己的伟业招兵买马，甚至可能会丧失性命，于是在曹操追问他天下英雄时，他假装糊涂，处处设防，甚至用一些其他人物来搪塞，如袁绍、袁术、刘表等。以刘备的胸怀，这些碌碌为用之人，又怎么能入他的眼睛？而这些搪塞之语都被曹操简略的评价一一驳回，针针见血。而从心理角度说，刘备称自己害怕打雷，正是让曹操认为刘备是胸无大志的人，从而不再提防刘备。

无独有偶，将韬光养晦之术运用自如的除了刘备外，还有唐朝开国皇帝李渊。

到隋炀帝年间，皇帝已经十分残暴，人民越来越忍受不了隋炀帝的暴行，于是，纷纷起义，甚至出现很多官员倒戈的现象，转向农民起义军，因此，隋炀帝的疑心很重，对朝中大臣，尤其是外藩重臣，更是易起疑心。唐国公李渊曾多次担任中央和地方官，所到之处，悉心结识当地的英雄豪杰，多方树立恩德，因而声望很高，许多人都来归附他。这样，大家都替他担心，怕遭到隋炀帝的猜忌。

正在这时，隋炀帝下诏让李渊去行宫晋见。而李渊此时正生病卧床，根本无法前往，隋炀帝很不高兴，产生了些许怀疑。当时，李渊的外甥女王氏是隋炀帝的妃子，隋炀帝向她问起李渊未来朝见的原因，王氏回答说是因为病了，隋炀帝又问道："会死吗？"

王氏把这消息传给了李渊，李渊更加谨慎起来，他知道迟早会被隋炀帝所不容，但过早起事又力量不足，只好隐忍等待。于是，他故意广纳贿赂，败坏自己的名声，整天沉湎于声色犬马之中，而且大肆张扬。隋炀帝听到这些，果然放松了对他的警惕。这样，才有后来的太原起兵和大唐帝国的建立。

李渊的做法是典型的韬光养晦之术，假如李渊当初不是自毁声

誉、低调做人，而是怒火中烧或者起兵的话，恐怕会在实力悬殊、时机不成熟的情况下失败，也就不会有后来造福于黎明百姓的大唐盛世。

同样，现实生活中，我们与他人竞争，说话、做事都不可狂妄，要尽量放低自己，让对方感觉到你已经示弱了。

其实，这不仅是一种大智若愚的智慧，更是一种自我保护术。直言直语、做事不经过思考是一个人致命的弱点，也会让你在对手面前暴露无遗，当对方了解你的真实想法以后，便会对你大加防备甚至刻意与你为敌。可能你在吐露心声的时候，的确没有任何的顾虑，只看到现象的表面，也只考虑到自己的“不吐不快”，可是，当你想到你的这句不经意的话会给自己带来困扰时，你还会无所顾及地说话吗？“枪打出头鸟”，太过嚣张会成为众矢之的。因为通常情况下，人们都会对那些对自己构成威胁的人采取措施。而隐藏自己、避其锋芒，才会保全自己。

藏而不露是智者的生存之道

人与人之间的博弈，有时候比拼的不仅是才学和能力，更是智慧。聪明的人都深知应隐藏好自己，尤其是在自己能力不足的情况下，这样才能很好地保全自己。

不难发现，我们周围有这样一些人，他们虽然颇具才能，但活得糊涂，在人前甘愿掩饰自己的真实想法，给人毫无威胁之感，而是一种亲和之态。也有一些人恃才傲物，处处爱表现自己，唯恐自己的才华被埋没了，最终他们因太爱出风头，最终就落得出头鸟的下场，被猎人击中了。

其实，不在人前显山露水，这是一种人生境界，避开锋芒、自显光芒，这才是美丽的人生。虽然，施展自己的才华是一种积极的态度，所谓最终的目的也是为了能够被伯乐赏识，但如果你太过聪慧，甚至盖过了主人的风头，那你的失败就不远了。因此，我们应该记住这样一条真理：藏而不露是智者的生存之道。

学校组织开新学期教研会议时，一些老教师的态度很倨傲，头发花白的李老师就发牢骚了："为什么老是安排我们老教师上普通班，年轻的老师上尖子班？你们是看不起我们吗？既然看不起就直接叫我们下岗算了，还留我们干吗！"坐在旁边的年轻老师沉默了，小王老师作为组织了这次会议的主任，他也低下头，默默地听着。李老师继续倚老卖老："你们这些年轻人、小毛头，别看不起我们这些老家伙！别以为你们文凭高，什么重点大学研究生的！我们在讲台上吐的口水都比你们多！20年前，我们都站在讲台上教书了！说说看，20年前你干什么的！”“20年前我在读小学。”小王老师只能这么回答。

等李老师牢骚发完了，小王老师才说：“这是上头领导这么安排，我也只能这么做，不过以后在工作中有什么疑问，我们肯定会请教和遵循老前辈们意见的。”就这样散会了，后来，小王老师在那些老教师面前，就像个什么都不懂的小学生一样，彬彬有礼地处处请教他们。而且无论做什么都维护老教师的意见。对于他们言语犀利的牢骚，小王老师从不反唇相讥。

久而久之，老教师们也没什么意见了。再后来，小王老师被调到更好的学校了。教研组的老教师们居然舍不得他走，李老师还为之前的事表示歉意。新上任的主任恰巧也是个年轻的老师，见此就询问如何处理与老教师的关系。小王老师就说：“用一个词语来行事，就是隐忍。”

我们不难看出小王老师为人处世的智慧，在众多老前辈面前，小王老师很谦虚，一直以隐忍的态度对待，不管对方的话语多么犀利，不管自己遭到了如何的奚落，他总是低着头，像小学生一样。正是这样的隐忍，最终换取了所有老前辈对他的不舍，以及他在教学工作中所取得的成绩。

在生活中，有的人自以为才华横溢，因而强出头，殊不知却犯了大忌。有时候，我们会遇到这样的事情，可能对于领导所提出的问题，几乎每个人都想到了，也都认识到了，却没有一个敢当面说出来，因为领导尚未表态，这将意味着自己的嘴巴需要紧闭着。人所共欲不言，言者乃大愚也。如果你争着表现自己，你以为这是施展自己才华的好机会，却不料也是你事业生涯中止的时刻。所谓“人怕出名猪怕壮”，人出名了，必会招来众人的目光，这就是惹祸的根由。

隐藏自我不仅是一种保护自我的方式，更是一种人生艺术和取胜之道，没有小忍，难成大谋，这就是隐藏自己的终极目标。

在强者面前示弱是生存的一种方式

中国有句武术语言“四两拨千金”，这里包含着双方力量悬殊时如何博弈的策略。掌握心理博弈策略，可使处于劣势的人经过历练而获得明显优势。因此，为人处世，光有力量还不行，还要有智慧。我们都知道自然界中，动物间的力量是悬殊的，而其实，人类也像自然界中所揭示的现象一样，有强弱之分，但人是有智慧的，智慧产生见识，见识产生果断，通过不断地学习和体会，可以在商场和职场获得生存的机会，从而搏出一番天地。

其实，人虽然不能改变自己的“弱”，但却可以通示弱的方式来使自己处于有利位置。自古以来，那些成大事者，在遇到劲敌的时候，都能做到放下身段，适时选择示弱，从而成功保全自己。

木秀于林，风必摧之，任何一个人，即使你再优秀，再出色，如果你过分卖弄、张扬，那么，你不可避免地会遭到明枪暗箭的打击和攻讦。因此，我们应知道在现代社会行走的规则，即遇强示弱、遇弱示强。遇强示弱的意思是，当你实力不强而对手强大时，那么，不要拿鸡蛋碰石头，而应该适时示弱，这样可以化解对方的戒心。从这个出发点，我们不难得知，在强者面前示弱是生存的一种方式，从根本上讲，是一种以退为进的方式，可以化困难于无形。

古往今来，不少成功人士都遇到过强劲的对手，他们一般都懂得暂时放下自己的身段，懂得隐忍，在时机不成熟、力量不足的情况下，故意制造出一种假象，暗中却积极准备、以奇制胜，以有备胜无备。这样做是为了要减少外界的压力，或使对方降低对自己的评价。一旦时机成熟，他们都能出其不意，其实际的表现往往超出外界对他们的期待，这样的智慧表现就能格外出其不意，克敌制胜。而过分地张扬自己、表现自己，就会经受更多的风吹雨打，因为暴露在外的椽子自然要先腐烂。

小王大学毕业后，为了锻炼自己的能力、积累社会经验，他一直在做业务方面的工作。这样，逐渐地积累了一些经验。他为了更好地发展，跳槽到一家大型公司的业务部，他所担任的职务是协助新来的业务经理开展工作。那个业务经理也是新人，刚到公司一个多月。小王在工作中与他相处一段时间，就发现了那位经理不但在工作中存在许多问题，而且脾气也很臭。他业务能力很差，几乎都是依靠下面的业务员拿业绩，而且心胸狭隘，也不懂得尊重人，总是带着命令的口吻与下属讲话。如果工作中不小心出了错，他也不会顾及你的颜面，当众就把你教训一顿。因此，许多业务员实在受不了，和他发生了争执就辞职走人了。

面对这样的经理，小王心里也很窝火，因为他自己也经常被训斥。但是，他并没有发作，而是始终陪着笑脸，因为他心里很清楚，摆在他面前的只有两个选择：要么和经理大吵一架，然后走人；要么就是忍辱负重，等待时机。聪明的他选择了后面一个，半年以后，公司高层也发现了业务经理的问题，通过调查，认为他不适合做业务经理，就找了个理由把他辞退了。而小王，因为一直表现不错，被公司任命为业务经理，这下子，小王如鱼得水了，很快把业务开展了起来，为公司创造了很大的经济效益，赢得了公司上上下下的尊重。又过了几年，他被提拔为主管业务的副总经理，过上了有房有车的生活。每当谈起这一切的时候，小王就不无感慨地说：“我能有今天，就是因为我当初懂得忍耐，隐忍了狂妄的经理，而没有意气用事！”

每一个人在成长过程中，难免会遇到一些坎坷与挫折，遇到一些不尽如人意的事情，在这个时候学会“舍高取低”，懂得弯腰，以一种隐忍的沉默来面对，以一份从容的心态去面对眼前的境遇，这就是一种曲中求直的境界，是一种审时度势、大智若愚的胸怀，更是一种处世的智慧。

实际工作或生活中，也总是有一些欺软怕硬的人，他们会专门欺负弱者，此时，示弱可以让对方摸不清你的虚实，降低了对方攻击的有效性，一旦攻击失效，对方将有可能收手，从而你也获得了生存之空间。至于，你反击与否，要慎重，要视情况而定，因为反击不是目的，生存才是目的。

因此，示弱是一种以退为进的表现形式，示弱不是妥协，而是一种解决自己生存的有效方式，但前提是我们必须做到放下身段。既然通过示弱可以获得生存的空间，是不是总是以弱示人呢？当然不是，因为遇弱则需示强，不然会给弱者创造攻击的机会，因为人们通常会寻找机会证明自己是一个强者，你若是遇弱者也示弱，则正好引来对方的无情攻击，造成自己不必要的损失，示强则可以让对方知难而退；这里的示强不是侵略性的，而是防御性的，不然，你若判断失误，遇到一个“遇强示弱”高手，你将一败涂地。

养精蓄锐，坐等最佳时机

在智猪博弈中，对于小猪来说，它的最优策略是等待，只要它等待，它就能沾到大猪的光，就能吃到免费的午餐，然而，这种等待并不是盲目的。如果它一味等待而不密切注意大猪的行动，进而去食槽边抢食物，那么，它只能饿肚子。

从智猪博弈中，我们也应该获得启示：与人博弈，如果你处于弱势，那么，你最好先等待时机，让那些实力强劲的对手为自己打先锋，当前方的障碍已经被扫清时，你再行动，你就能一举成功。

在中国古代做人的艺术中，这就叫“大智若愚”，它常被演绎为一套内容极其丰富的韬光养晦之术，这也是人际交往中的重要策略。宋代著名大文学家苏东坡在评论楚汉之争时就曾说：“汉高祖刘邦所以能胜，楚霸王项羽所以失败，关键在于是否能忍。项羽不能忍，白白浪费了自己百战百胜的勇猛；刘邦能忍，养精蓄锐、等待时机，直攻项羽弊端，最后夺取胜利。刘邦可以成大业是他懂得忍下人之言，忍个人享乐，忍一时失败，忍个人意气；而项羽气大，什么都难以容忍，不懂得‘小不忍则乱大谋’的道理。大业未成身先死，可悲可叹！”女词人李清照也叹：“至今思项羽，不肯过江东。”

韩信是淮阴人，还未成名的时候，他只是一个平民百姓，贫穷，没有好品行，不能够被推选去做官，不可以做买卖维持生活，经常寄居在别人家里吃闲饭，因此受到人们的嫌弃。他曾多次前往下乡南昌亭亭长处吃闲饭，并在那里连续吃了好几个月，亭长的妻子很嫌弃他，就提前做好了早饭，端到内室的床上去吃。开饭的时候，韩信去了，却不给他准备饭菜，韩信也明白他们的用意，一气之下，就告辞而去，不再回来。

有一次，韩信在城下钓鱼，有几个老大娘在漂洗涤丝绵，其中一位大娘看见韩信饿了，就拿出饭给韩信吃。几十天都这样，给韩信送来饭菜，直到这位大娘将所有的涤丝绵都漂洗完了。韩信感到很高兴，对那位大娘说："我一定重重地报答您老人家。"大娘生气地说："大丈夫不能养活自己，我是可怜你这位公子才给你饭吃，难道是希望你报答吗？"

还有一次，淮阴屠户中有个年轻人侮辱韩信说："你虽然长得高大，喜欢带刀佩剑，其实是个胆小鬼罢了。"又当众侮辱他说："你要不怕死，就拿剑刺我；如果怕死，就从我胯下爬过去。"于是，韩信自信地打量了他一番，低下身去，趴在地上，从他的胯下爬了过去。满街的人看见了，都嘲笑韩信，认为他胆小。

后来，韩信先是跟随项羽，后追随刘邦，成为刘邦麾下的杰出大将，即时再回忆之前的胯下之辱，不过是忍辱负重，这样才有了后来功成名就的韩信。

或许，别人都耻笑韩信懦弱，但韩信本人却不以为耻。当时，韩信绝不是不敢刺屠刀，而是因为韩信胸怀大志，不愿与小人多生是非，如果一剑将那个屠夫刺死了，自己难以逃脱。因此，他甘受胯下之辱，他知道“小不忍则乱大谋”的道理，暂时忍下，等待一个可以施展自己一身才华的机会来临。

不可否认的是，当今社会，处处存在激烈的竞争，与对手较量，难免会产生利益的冲突，此时，那些以大局为重、聪明的人都绝不会逞一时之勇，与对手斗气，而是先隐忍过去，隐藏实力，并伺机而动，厚积薄发。尤其是当自己还羽翼未丰时，更要懂得韬光养晦之术，这是保存实力、积蓄力量的重要手段。

因此，一个人在社会上，如果不合时宜地过分张扬、卖弄，那么不管多么优秀，都难免会遭到明枪暗箭的打击和攻讦。

对此，我们要做到隐忍，就必须首先要锻炼自己的韧性。其次，我们还需要在低调中修炼自己，积累自己的实力。这需要你把每件任务当成自己唯一的追求去做，不达目的绝不罢休，调动所有的储备和资源，寻求一切可能的帮助。没有这种锲而不舍的精神，你可能一辈子也做不成什么大事。

当然，我们强调要养精蓄锐，火候未到、锋芒不露，但这并不

等同于让你做事畏首畏尾，不敢放手施展抱负。只是凡事都该有个“度”，张扬与内敛之间，就看你如何把握！

总之，选择忍耐和等待、养精蓄锐、懂得蓄势待发，无论在官场、商场还是政治军事斗争中都是一种进可攻、退可守，看似平淡，实则高深的博弈策略！

静观其变，学会坐收渔翁之利

前面，我们已经分析过枪手博弈这一模型，在这一博弈中，枪法最差的丙却能最终打败甲和乙，幸存下来，这绝不是侥幸，而是博弈策略使然。从这个经典的博弈模型中，我们也不难看出，高明的方法不是与强者硬碰硬，而是静观其变，让高手先进行对决，当他们两败俱伤时，自然就能捡到“现成的便宜”，成为最后的赢家。成语“鹬蚌相争，渔翁得利”，说的就是这个道理。

从前有两个人，他们好打猎，这天，他们还和往常一样来到森林中，却看见两只老虎在吃人肉，其中一个人很是气愤，他迫不及待要去杀了这两只老虎，而另外一个人则上前制止，并说：“人肉是老虎最爱吃的，现在两只老虎都抢着吃人肉，一定会争得你死我活，力气比较小的那只肯定会被比较强的那只打死。比较强的那只也一定会伤痕累累。等到那时候，我们不用花什么力气就可以把两只老虎都打死，这不是做了一件事就能获得双倍好处吗？”

自古以来，人们就知道“坐山观虎斗”的道理，并且，他们还善于运用这个道理来谋取自己的利益。在混乱的博弈环境中，置身事外是保护自己的最佳策略。我们都有这样的感悟，在激烈的冲突中，那些没受到波及的，往往是那些置身事外的人。然而，置身事外看似简单，却体现了高深的智慧。我们若具备了这种智慧，那么，我们也就学会了从宏观的角度看待事物。事实上，人际较量中，无论你是强势的一方，还是弱势的一方，学会静观其变都是出力最少、获利最大的策略。

当然，我们还要学会一点，团队协作，绝不可钩心斗角，只有相互信任、一致对外，才能克敌制胜，保全自己。

不得不承认，当今时代，每个角落里都散发着竞争带来的紧张气氛。诚然，在你追我赶的现代社会，竞争对于提升自我价值与空间有很重要的作用，人们可以从中发现自己的不足，并以此作为一种前进、努力争取的动力来鞭策自己。然而，这一效果是在良性竞争中才会产生的，恶意的斗争只会两败俱伤。

那么，为什么当人们置身于事件之中时，非要与对方争个你死我活呢？事实上，除了那些原则性问题之外，是没有必要非得争个高下和输赢的。即使你赢了，你也可能失去更多，如友谊、健康、快乐等。明白了这个道理，面对利益、观点、意见的分歧，我们也就能做到淡定处之，不与人争斗了。

公司招聘了一批新人，陈晓和王伟也有幸入选，工作中他们一直努力表现，所以也深得上司赏识。半年之后，公司高层决定在这一批新人中提拔出一批干部，以激发公司员工的活力。这些新手都知道这是一次难得的机会，也知道人情世故的重要性。于是，在得知公司要提拔新人的消息后，大家都开始各自活动开了。

陈晓是一个精明的人，接下来，他咬咬牙花了半年的薪水买了一些烟酒，亲自送到主管家，果然，这个爱好烟酒的主管很乐意地接受了陈晓的礼物，陈晓以为自己会成为新干部的候选人，于是，他在家敬候佳音，但实际上，送礼的人远不止他一个。而王伟是个憨厚的年轻人，这件事似乎和他一点关系也没有，家人都劝他去活动活动关系，而他还是和以前一样，朝九晚五地上班，对待同事也是笑脸相迎。所以，那段时间，整个办公室的年轻人，似乎一下子就他一个人真正地在忙工作。

主管在接受了众多礼物后，无法抉择，而上级领导一直催促他要本着“公平公正”的原则为公司选拔人才，在左思右想后，这位主管做出了的决策：提拔王伟为领导干部。很多人感到不解，他的理由是：一个不争抢名利的人，才是真正能把精力放在工作上的人，也才是能倾心倾力为公司负责的人。

案例中的主管为什么没有选择为之送礼的下属，反而选择毫无动静的王伟呢？正如他所想的，一个内心淡定的人，不热衷于名利的争夺，才会全身心把精力投入到工作中，这样的人，才是真正有担当的人。

其实，不仅仅是职场，在这样一个竞争激烈的社会中，对于钱财、权威，淡定一点是最明智的生存之法。少说话、多做事、充实内在，你自然能脱颖而出。

“鹬蚌相争，渔翁得利”，这个古老的寓言故事告诉我们，一方面，我们要善于坐山观虎斗，以便轻轻松松地坐收渔翁之利。对于博弈中的弱者来说，假如能够制造矛盾，削弱强者的实力，无疑是一种最佳的生存策略；另一方面，我们应该减少与他人的恶性竞争，只有团结协作，才能一直对外。

参考文献

[1]静恒.舍得:中国上乘处世智慧[M].北京：时事出版社，2014.

[2]北野.为人处世的进退艺术[M].北京：研究出版社,2013.

[3]马银文.懂取舍知进退让你左右逢源[M].北京：中国纺织出版社,2012.

[4]喜羊子.争未必得，让未必失[M].武汉：华中科技大学出版社，2015.